国家出版基金项目
NATIONAL PUBLICATION FOUNDATION

"十二五""十三五"国家重点图书出版规划项目

风力发电工程技术丛书

海上风电送出工程技术与应用

主　编　黄志秋　陈　冰　周　敏
副主编　陈　楠　许　峰　廖　毅

中国水利水电出版社
www.waterpub.com.cn

内 容 提 要

本书是《风力发电工程技术丛书》之一，全面、完整地介绍了海上风电送出及并网的工程技术，包括基础理论、技术原理、政策规划、设计技术和工程应用等方面，以新技术、新工艺、新方法为主要介绍内容，并以典型的工程实例对技术应用进行剖析，做到理论中有实际，实践中又有依据。全书共分 7 章，分别介绍了海上风电发展现状与相关政策、海上风电送出系统及工程技术、海上风电场并网的影响及对策、海上风电送出方式、海上风电送出系统设计、工程应用实例、海上风电送出工程新技术和展望等内容。

本书知识点丰富，包含了最新的权威统计资料，能切实反映当前国内外风力发电送出工程的先进技术，可供从事海上风电开发及技术研究的工程技术人员阅读参考，也可供高校能源相关专业的师生学习。

图书在版编目（ＣＩＰ）数据

海上风电送出工程技术与应用 / 黄志秋，陈冰，周敏主编. -- 北京 ：中国水利水电出版社，2016.5
（风力发电工程技术丛书）
ISBN 978-7-5170-4352-2

Ⅰ.①海… Ⅱ.①黄… ②陈… ③周… Ⅲ.①海上工程－风力发电－输电技术 Ⅳ.①TM614

中国版本图书馆CIP数据核字(2016)第110336号

书　　名	风力发电工程技术丛书 **海上风电送出工程技术与应用**
作　　者	主编 黄志秋 陈冰 周敏 副主编 陈楠 许峰 廖毅
出版发行	中国水利水电出版社 （北京市海淀区玉渊潭南路 1 号 D 座　100038） 网址：www.waterpub.com.cn E - mail：sales@waterpub.com.cn 电话：（010）68367658（发行部）
经　　售	北京科水图书销售中心（零售） 电话：（010）88383994、63202643、68545874 全国各地新华书店和相关出版物销售网点
排　　版	中国水利水电出版社微机排版中心
印　　刷	北京纪元彩艺印刷有限公司
规　　格	184mm×260mm　16 开本　9 印张　214 千字
版　　次	2016 年 5 月第 1 版　2016 年 5 月第 1 次印刷
印　　数	0001—3000 册
定　　价	**42.00 元**

《风力发电工程技术丛书》

编 委 会

主要参编单位 （排名不分先后）

河海大学

中国长江三峡集团公司

中国水利水电出版社

水资源高效利用与工程安全国家工程研究中心

华北电力大学

水电水利规划设计总院

水利部水利水电规划设计总院

中国能源建设集团有限公司

上海勘测设计研究院

中国电建集团华东勘测设计研究院有限公司

中国电建集团西北勘测设计研究院有限公司

中国电建集团中南勘测设计研究院有限公司

中国电建集团北京勘测设计研究院有限公司

中国电建集团昆明勘测设计研究院有限公司

长江勘测规划设计研究院

中水珠江规划勘测设计有限公司

内蒙古电力勘测设计院

新疆金风科技股份有限公司

华锐风电科技股份有限公司

中国水利水电第七工程局有限公司

中国能源建设集团广东省电力设计研究院有限公司

中国能源建设集团安徽省电力设计院有限公司

同济大学

华南理工大学

丛书总策划　李　莉

编委会办公室

主　　　任	胡昌支　陈东明	
副　主　任	王春学　李　莉	
成　　　员	殷海军　丁　琪　高丽霄　王　梅　邹　昱	
	张秀娟　汤何美子　王　惠	

本 书 编 委 会

主　　编　黄志秋　陈　冰　周　敏

副 主 编　陈　楠　许　峰　廖　毅

参编人员　杨　苹　李　峰　徐　伟　蔡田田　郝为翰

　　　　　刘军伟　周　冰　张松光　王素文

前 言

风能是世界上使用最为广泛和发展最快的可再生能源之一,海上风电由于其巨大的商业潜力和环保效益,近年来引发世界各国的重点开发。我国海岸线绵长,海域范围大,拥有十分丰富的海上风能资源,开发海上风能资源将有效改善沿海经济发达地区的能源供应情况,促进电源结构优化,缓解减排压力,带动低碳经济的发展。因此,大力发展海上风电是国家新能源主要战略方向。随着海上风电的发展,风电场的建设必然从潮间带、近海向更深海域推进。为确保海上风电场的电力安全可靠、灵活高效、经济合理地送出,其接入系统和并网等工程技术问题亟待研究、解决,包括海上大型风电接入与并网系统、海上升压平台、海底电缆输电系统的研发、成套设计与施工技术等工程课题。当前,针对这方面的专门著作还很少,迫切需要一本系统地介绍海上风电送出工程技术与应用的专著,因此编者查阅、收集了大量国内外资料,总结了多年从事科研、工程设计和工程建设管理的经验,结合广东省第一个海岛风电多端柔性直流送出工程的实践情况,遵循科学性、先进性和实用性的原则,编著《海上风电送出工程技术与应用》一书,填补该领域的空缺。

本书全面、完整地介绍了海上风电送出及并网的工程技术,包括技术原理、政策法规、规划设计和工程应用等方面,以新技术、新工艺、新方法为主要介绍内容,并以典型的工程实例对技术应用进行剖析,做到理论中有实际,实践中又有依据。本书主要内容包括海上风力发电系统和送出系统的构成原理、主要设备、工程技术、并网方式、输电方案以及送出系统的全套设计思路;重点针对大型海上风电接入系统与并网工程技术与应用分章节进行了论述。同时，在书中还就海上风电的并网关键问题和技术要求，提出了科学的解决方案和措施；对交流、直流的主流输送方式进行了对比论述，提出了适应性的系统设计方案，并以具体工程项目佐证分析，能切实反映当前国内外风力发电送出工程的先进技术，可供关注海上风电开发及技术发展的各相关方参考。

本书由中国能源建设集团广东省电力设计研究院有限公司黄志秋教授级高工和陈冰、周敏高级工程师组织编著，由中国能源建设集团广东省电力设计研究院有限公司陈楠、许峰、廖毅、徐伟、蔡田田、郝为翰、刘军伟、周冰高级工程师，华南理工大学杨苹教授，广东电网有限公司李峰、张松光、王素文高级工程师共同编写完成。本书在编著过程中得到了中国能源建设集团有限公司相关专家及同事的大力支持和帮助，在此谨向他们表示谢忱。

由于当前海上风电送出技术的发展日新月异，限于编者的水平和经验，书中难免存在错误和不妥之处，恳请广大读者批评指正。

编者

2015 年 10 月

目 录

第1章 海上风电发展现状与相关政策

本章简要介绍了国内外海上风电的发展现状和趋势，归纳汇总了涉及风电产业发展、发电管理、电价及附加、发展规划等相关政策要求，为后续章节作必要的铺垫。

1.1 引　言

风能是世界上使用最为广泛和发展最快的可再生能源之一，与核能相比，风能资源丰富、不需要任何燃料；与太阳能相比，风能发电有具有技术成熟、成本较低的优势。全球的很多发达国家，包括欧洲和美国，都对风电的开发和利用十分重视，风电形式也不仅仅局限于陆地风电场，还有潮间带和近海风电场，而且有向更深海域发展的趋势。与陆地风电相比，海上风电风能资源的能量效益比陆地风电场高 20%～40%，还具有不占地、风速高、沙尘少、电量大、运行稳定以及粉尘零排放等优势，同时能够减少机组的磨损，延长风电机组的使用寿命，适合大规模开发。海上风电由于其巨大的商业潜力和环保效益，近年来越来越引起重视，正逐步成为新能源领域开发的亮点，发展潜力巨大，前景广阔。

而今，欧美各国都制定了相关的优惠政策，将在未来重点开发海上风能，从其发展规划可窥一斑。我国风能储量大、分布面积广，开发利用潜力巨大；2010 年，我国风电新增装机容量就已超越美国，成为世界第一大风电市场，预计未来很长一段时间都将保持高速发展。由于我国海上风能资源最丰富的东南沿海地区毗邻用电需求大的经济发达地区，可以实现就近消化，降低输送成本，所以发展潜力更大。早有业内专家表示，"中国新能源产业发展看风能，风能发展前景在海上，海上风能将成为中国风能未来发展方向和制高点。"因此风电被明确为国家"十二五"科学技术研发的六大方向之一。而且国家新能源战略要求大力发展海上风电，提出重点研究与之相配套的大型风电接入系统与并网技术、海上升压平台、海底电缆输电系统的研发、成套设计与施工技术等新能源工程课题。

1.2 海上风电的发展现状

1.2.1 欧洲海上风电蓬勃发展

欧洲由于其特殊的地理位置和气候条件，海上风能资源十分丰富。各国都制定了相关的优惠政策，将在未来重点开发海上风能，海上风电即将成为欧洲的主要能源来源之一。海上风电在欧洲已经发展了 20 余年，近年来随着英国、丹麦、德国等国陆地风电资源基本开发完毕，且减排温室气体和提高可再生能源比例的要求进一步提高，海上风电的发展再次被提上议事日程。2014 年上半年，欧洲安装的风电机组达到了 506 台，装机容量超过 1200MW，主要分布在 16 个商业化的海上风电场项目和 1 个示范性海上风电场项目中。截至 2014 年 7 月 1 日，欧洲已经累计安装了 2304 台海上风电机组，总的并网装机容量达到 7343MW，这些机组分别分布在欧洲 11 个国家的 73 个风电场中。欧盟还制定了到 2020 年可再生能源占总能源需求 20% 的目标，提出了到 2020 年海上风电总装机容量 40GW 的目标，相应的，其海上风电装机容量需以年均 13.6% 的速度增长，从目前的 2696MW/a 增加到 2020 年的 6900MW/a。

欧洲主要国家未来海上风资源开发计划一览表见表 1-1。

表 1-1　欧洲主要国家未来海上风资源开发计划一览表

国　　家	年　　份	开发计划
英国	2020	计划装机容量 20000MW
法国	2020	计划装机容量 6000MW
丹麦	2015	计划装机容量 4000~5000MW
德国	2030	计划装机容量 25000MW
荷兰	2020	计划装机容量 6000MW
瑞典	2015	计划年发电量 10TWh
比利时	2012	计划装机容量 2000MW
爱尔兰	2020	计划装机容量 2000MW

1.2.2　美国海上风电蓄势待发

美国海上风电起步较晚，然而从美国海上风电未来发展规划可看到其广阔的发展前景。美国能源部研究评估美国有超过 900GW 的可开发海上风电资源，主要集中在适合安装海上风电的美国东海岸浅水区。美国能源部提出，到 2030 年美国 20% 的电力需求将由风电满足。要实现此目标，需新增 300GW 风电装机容量，其中包括 54GW 的海上风电。美国海上风电产业将掀起新一轮投资热潮，其东海岸多个海上风电项目正在规划实施中，例如：弗吉尼亚 468MW Cape Wind 项目，该项目的总体融资约 26 亿美元，是目前美国最大的海上风电项目，项目运营时间为 33 年；马萨诸塞州罗得岛 30MW Block Island 项目已经签署了全项目容量购电协议，该项目总体投资约 2.5 亿美元。项目运营时间为 25 年。以上两个项目都已经通过启动项目前期工作等方式确保项目符合 ITC 的要求，预计于 2016 年下半年竣工。

1.2.3　我国海上风电增长强劲

我国陆上风能储量约 250GW，海上风能储量约 750GW，是陆上风能储量的 3 倍。面对海上风资源的巨大储量，发展海上风电是我国可再生能源战略发展的必然趋势。

在我国辽阔的海域中，东南沿海及其周边区域和辽东半岛的风能资源十分丰富，有效风能密度不小于 200W/m²，部分岛屿的风能密度在 300W/m² 以上，且风速大于 8m/s 的时间年均可达到 7000~8000h。

2010 年 6 月，我国第一个国家海上风电示范项目——上海东海大桥风电场建设完成全部并网发电。东海大桥项目是欧洲以外首个海上风电并网项目,开启了我国海上风电项目建设的先河。2010 年 6 月中旬,我国首批海上风电特许权招标工作正式启动,总装机容量为 1000MW 的首批 4 个项目全部集中在江苏盐城,其中滨海、射阳各 300MW,大丰、东台各 200MW。随着国家开发沿海风电资源步伐的加快,我国海上风电行业有了实质性的进展,根据国内各省(直辖市)上报的海上风电发展规划初步统计,上海、江苏、浙江、山东、福建、广东 6 省市的海上风电规划,其中广东为 10.71GW、江苏为 7GW、浙江为 2.7GW。截至 2013 年年底,全国海上风电项目累计核准规模约 2220MW,其中,已建成 390MW(含试验机组),主要分布于江苏省和上海市,建成项目目前均已并网;核准在建项目总规模为 1830MW,主要分布于江苏、上海、浙江、广东。与此同时,为了抓住机遇,国内各大能源公司"跑马圈地",几乎对我国适合海上风电的海域皆提出了开发意向。可以预见,我国海上风电市场将迎来强劲增长。

1.3 相 关 政 策

1.3.1 国外政策

世界各国制定的促进风电发展的政策法规主要有强制性、经济激励性、研究开发性和市场开拓性等 4 类,具体如下:

(1)强制性政策主要指政府主持制定的有关法律、法规和政策,以及其他非政府部门提出、政府批准的技术政策、法规、条例和其他一些具有强制性的规定。如美国的能源政策,英国、意大利、波兰的配额体系(绿色证书)。

(2)经济激励性政策是由政府制定或批准执行的各类经济刺激措施。包括各种形式的补贴、价格优惠、税收减免、贴息或低息贷款等,如德国、法国、西班牙、丹麦的上网电价政策。

(3)研究开发性政策是风电技术在研究开发和试点示范活动中,政府所采取的行动策略。

(4)市场开拓性策略是在项目实施过程中,采用有利于风电技术进步的新的运行机制和方法。如公开招标、公平竞争、联合开发方式等。

1.3.2 国内政策

我国已制定的促进风电产业发展的政策法规主要有以下几种:

(1)可再生能源法及配套政策。2006 年 1 月 1 日,《中华人民共和国可再生能源法》颁布实施,要求通过减免税收、鼓励发电并网、优惠上网价格、贴息贷款和财政补贴等激励性政策来激励发电企业和消费者积极参与可再生能源发电。风电全额上网要求电网企业为可再生能源电力上网提供方便,并全额收购符合标准的可再生能源电量。财税扶持要求设立可再生能源发展专项资金,为可再生能源开发利用项目提供财政补贴等优惠政策。

(2)风电特许权。2003 年,通过特许权方式,在风电领域引入市场运作机制,刺激投资者的积极性,促进风电设备制造的本地化,降低风电设备的造价,促进风电规模化发展。

（3）国产化要求。2005 年 7 月，出台了《国家发展改革委关于风电建设管理有关要求的通知》（发改能源〔2005〕1204 号），明确规定风电设备国产化率要达到 70％以上，进口设备要按章纳税。

（4）其他有关政策。包括《可再生能源产业发展指导目录》（发改能源〔2005〕2517 号）、《可再生能源发电有关管理规定》（发改能源〔2006〕13 号）、《促进风电产业发展实施意见》（发改能源〔2006〕2535 号）、《可再生能源发电价格和费用分摊管理试行办法》（发改价格〔2006〕7 号）、《国家发展改革委关于印发可再生能源中长期发展规划的通知》（发改能源〔2007〕2174 号）、《国家发展改革委关于印发可再生能源发展"十一五"规划的通知》（发改能源〔2008〕610 号）、《国家发展改革委办公厅关于落实风电发展政策有关要求的通知》（发改办能源〔2009〕224 号）、《关于海上风电上网电价政策的通知》（发改价格〔2014〕1216 号）。

上述政策法规主要涉及风电产业发展、发电管理、电价及附加、发展规划等方面原则性的行业管理要求。

第 2 章　海上风电送出系统及工程技术

本章概括性地介绍海上风电场的发电系统构成和主要设备，重点介绍了其送电系统构成、主要设备和功能特性，以及海上风电送出工程的系统并网技术、海上变电站、换流站技术和海底电缆线路技术。

2.1　海上风力发电系统简介

2.1.1　系统构成

目前，海上风力发电系统的典型接线图如图 2-1 所示。

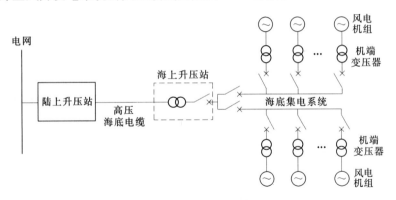

图 2-1　海上风力发电系统典型接线图

从图 2-1 可以看出，风力发电机由风能驱动，发出电能，是海上风力发电系统最为重要的系统构件。电能通过在机舱或基座内的变压器将电压抬升（如 690V/35kV）之后汇入海底集电系统。海底集电系统是连接各风电机组形成的电气系统，主要由连接各风电机组的海底电缆及开关设备构成，其作用是汇集各风电机组发出的电能，输送至陆上或海上升压站。

2.1.2　主要设备及功能特性

据前文所述，海上风力发电系统包括海上风电机组及海底集电系统两个部分。

风电机组由风轮、传动系统、偏航系统、液压系统、制动系统、发电机、控制与安全系统、机舱、塔架和基础、升压设备等组成，典型结构如图 2-2 所示。

海底集电系统由连接各风电机组的海底集电电缆、开关设备等组成。

（1）风轮。由叶片和轮毂、滑环组成，是风电机组获取风能的关键部件，叶片是由复

5

合材料制成的薄壳结构,分为根部、外壳、龙骨三个部分;轮毂固定在主轴上,内装有变桨系统,与机舱经滑环连接;滑环为旋转部件(叶片和轮毂)与固定部件(机舱)提供电气连接。

(2)传动系统。由主轴、齿轮箱和联轴节组成(直驱式除外),主轴连接轮毂与齿轮箱,承受很大力矩和载荷;齿轮箱连接主轴与发电机,叶轮转速一般为 15~25r/min,发电机(非直驱式)额定转速一般为 1500~1800r/min,齿轮箱增速比通常为 1:100 左右。

(3)偏航系统。由风向标传感器、偏航电动机、偏航轴承和齿轮等组成。偏航轴承连接机舱底架与塔筒齿轮环内齿,并与偏航电机啮合实现机舱偏航对风;偏航电动机驱动机舱转动对风,偏航速度一般为 1°/s,通常有 3~5 台,通过减速箱或变频器降速。

(4)液压系统。由电动机、油泵、油箱、过滤器、管路和液压阀等组成液压系统集中建压,通过液压管道为传动链刹车、偏航刹车、变桨系统输送压力。

(5)制动系统。分为空气动力制动和机械制动两部分,空气动力制动通过变桨系统改变叶片角度,使叶片不对风,将叶轮减速。

(6)发电机。分为异步发电机、同步发电机、双馈异步发电机和低速永磁发电机。

(7)控制与安全系统。保证风力发电机组安全可靠运行,获取最大能量,提供良好的电能质量。

(8)机舱。由底盘和机舱罩组成。

(9)塔架和基础。塔架有筒形和桁架两种结构形式,基础为钢筋混凝土结构。

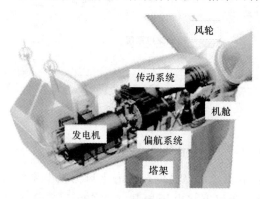

图 2-2　风电机组典型结构图

(10)升压设备。因风机机端电压一般为 690V 或 850V,机舱或基座内通过机端变压器将电压抬升(如 690V/35kV),将电能汇入集电系统,送至风电场升压站。

(11)集电电缆。连接风电机组升压设备及风电场升压站集电侧,汇集风电机组发出电能送至风电场升压站,在集电电缆两端设置开关设备。

(12)开关设备。安装于风电机组升压设备及风电场升压站 35kV 集电侧,在集电电缆两端对电能输送进行控制。

2.2　海上风电送出系统构成

海上风电是由海上风电机组叶片借助风力旋转发电后,由一系列交流或直流电气设备进行电能的转换、控制、变送后向大陆电网输送电能的一种新能源发电模式。由于其发电系统位于潮间带、近海或深海,故其并网方式大大有别于常见的火电、核电等陆上电源。

海上风电发展至今,其送出系统主要采用三种方式:当海上风电场的规模相对较小且风电场离海岸距离较近时,一般采用高压交流(HVAC)输电方式;随着海上风电场规模和风电场离岸距离的增大，有必要采用高压直流（HVDC）输电技术连接风电场和陆上电网，尤其是风电场额定容量为 500MW 以上的系统；还有一种基于电压源换流器（VSC）技术的 HVDC 输电方式，即柔性高压直流（VSC - HVDC）输电方式，它采用绝缘栅双极型晶体管（IGBT）等可关断器件构成的电压源换流器，并进行脉宽调制，特别适用于风电场与交流主网的接入系统。

　　虽然送出方式不同，但海上风电送出系统构成大致相同，主要包含海上送出变电站（换流站）、海底电缆和陆上接入变电站（换流站）三个部分。海上风电送出系统示意图如图 2-3 所示，在海上风电场附近搭建承载交流变电站或直流换流站的海上平台，在受端根据风电输送规模，选择合适的陆上变电站或换流站作为受端接入站点。海上风电场离海岸距离较远的采用海底电缆，近海滩涂段和登陆段根据需要采用地下电缆或架空线路接入陆上变电站或换流站。

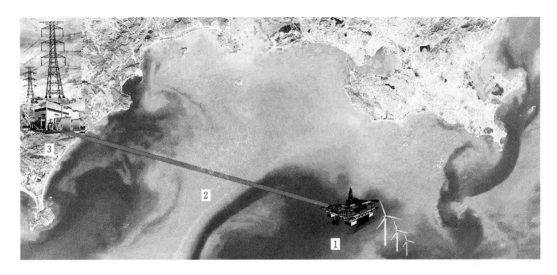

图 2-3　海上风电送出系统示意图
1—海上平台；2—海底电缆；3—受端接入站点

　　HVAC 输电是海上风电较为成熟的送出方式，具有连接简单、造价低等优点，早期建成的大多数海上风电场都采用此送出方式。海上风电场的电能经集电系统汇集到海上变电站，再通过海底电缆输送到陆上变电站。海上风电采用交流送出方式的原理示意图如图 2-4 所示。

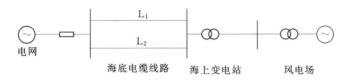

图 2-4　海上风电采用交流送出方式的原理示意图

　　随着海上风电机组单机容量的增加和新建风电场规模的不断发展壮大，以及海上风电不断由浅海向深海进发，交流输电方式受输送距离的限制逐渐难以适应大规模深海海上风电送出的输电要求，而直流输电方式凭借其相对于交流输电的技术优势，将成为海上风电远距离送出的发展方向。

海上风电机组发出的交流电汇集至海上换流站，经升压变电站升压后送入整流装置，以直流电的形式经海底电缆线路送至陆上换流站，经逆变后转换成交流电送入交流电网。根据现有的技术和工程应用情况，高压直流送出方式分为传统高压直流（LCC - HVDC）和柔性高压直流（VSC - HVDC）两种，传统高压直流输电技术普遍采用晶闸管和移相换流，柔性直流换流站采用的是 IGBT 和 VSC，通过 PWM 控制能够自动调整电压、频率、有功功率和无功功率。高压直流送出方式原理示意图如图 2 - 5 和图 2 - 6 所示。

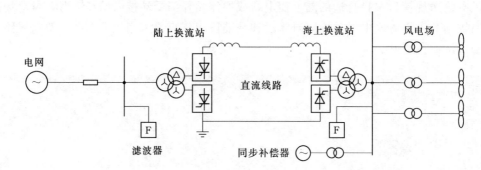

图 2 - 5　海上风电采用 LCC - HVDC 送出方式原理示意图

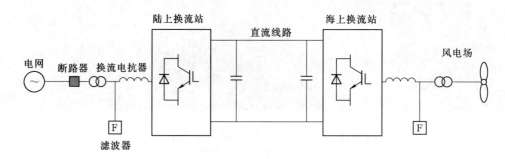

图 2 - 6　海上风电采用 VSC - HVDC 送出方式原理示意图

2.3　海上风电送出系统主要设备

2.3.1　变电站的主要电气设备

海上变电站的主要电气设备包括主变压器、高压气体绝缘（GIS）配电装置、中压成套配电装置、低压成套配电装置、无功补偿设备、测量装置、计算机监控系统、继电保护装置以及站用电设备等。设备的主要功能如下：

（1）主变压器。主要起升压作用，将集电系统电压（一般为 35kV）升至 110kV、220kV，将风电场发出的电能通过高等级电压输送至陆上并网点。

（2）高压 GIS 配电装置。主变压器高压侧的配电装置，对电能输送起启闭、控制作用。

（3）中压成套配电装置。对风电场集电系统汇集的电能输送起到启闭、控制作用，并通过低压站用变压器为站用设备提供电能。

（4）低压成套配电装置。对变电站用电设备进行供电，保证各类设备正常运转。

（5）无功补偿设备。于变电站高压侧、中压侧接入，以调节海上风电场输出电能的功率因数。

（6）测量装置。海上变电站测量装置采用常规的交流电压和电流互感器。

（7）计算机监控系统。计算机监控系统实现对站内电气设备的监视与控制，主要功能包括实时数据采集与处理，控制操作和同步检测，电压—无功自动调节等。

（8）继电保护装置。监视站内电气设备的运行情况，故障时发生动作，缩小故障范围，减小故障对电气设备的破坏，提高风电系统安全供电的可靠性。

（9）站用电设备。一般配置站用变压器通过站用低压成套配电装置对站用设备进行供电，当风电场风电机组无法发出电能时，通过站用柴油机组对站用设备进行应急供电，保证海上变电站正常运行。

2.3.2 换流站的主要电气设备

2.3.2.1 常规直流换流站

常规直流换流站的主要电气设备包括换流器、换流变压器、交直流滤波器、无功补偿装置、平波电抗器、接地极、高压 GIS 配电装置、测量装置、计算机监控系统、控制保护系统以及站用电设备等。设备的主要功能如下：

（1）换流器。由电力电子器件组成，具有将交流电转变为直流电或将直流电转变为交流电的功能。当换流器将交流电转变为直流电时，换流器处于整流状态，此时换流器也成为整流器；反之，换流器处于逆变状态，此时换流器也成为逆变器。

（2）换流变压器。是直流换流站交直流转换的关键设备，其电网侧与交流场相连，换流阀侧和换流器相连，因此其换流阀侧绕组需承受交流和直流复合应力。由于换流变压器运行与换流器的换向所造成的非线性密切相关，在漏抗、绝缘、谐波、直流偏磁、有载调压和试验方面与普通电力变压器有着不同的特点。

（3）交直流滤波器。为换流器运行时产生的特征谐波提供入地通道。换流器运行中产生大量的谐波，消耗换流容量 40%~60% 的无功功率，交流滤波器在滤波的同时还提供无功功率。

（4）无功补偿装置。由于换流器在实现交直流转换的过程中同时需要从系统中吸收无功功率，而且消耗的无功功率非常多，若交流滤波器无法满足所需无功功率时，为保证交流系统稳定运行，需要就地安装足够容量的无功补偿装置。

（5）平波电抗器。能防止直流侧雷电和陡波进入阀厅，从而使换流阀免于遭受这些过电压的应力，同时能平滑直流电流中的纹波。另外，在直流短路时，平波电抗器还可通过限制电流快速变化来降低换向失败概率。

（6）接地极。其作用是钳制中性点电位和为直流电流提供返回通路。针对不同的工程或运行方式，接地极的作用会有所差异。

（7）高压 GIS 配电装置。海上换流站交流配电装置一般采用 GIS 设备，减小占地面积。其主要功能与变电站基本类似，主要是将直流侧空载的换流器投入交流系统或从其中切除。当换流站主要设备发生故障时，如果通过闭锁换流站不能抑制故障发展，可通过 GIS 的开关设备将换流站从交流系统中切除。

（8）测量装置。海上换流站在交流侧采用交流电压和电流互感器，在直流侧需用直流电压和电流互感器。目前有电磁式互感器和光电式互感器，光电式互感器具有很强的抗磁干扰能力。

（9）计算机监控系统。能实现对站内电气设备的监视与控制，主要功能包括实时数据采集与处理，控制操作和同步检测，电压—无功自动调节等。

（10）控制保护系统。主要功能为控制电力潮流的方向，调节直流电压和其他电气参量，处理和限制换流阀非正常运行和交、直流系统干扰所造成的影响，保护换流站的设备，以及监测换流站的各种参量。换流站及直流输电系统的运行性能和安全可靠程度与控制调节系统的性能和可靠程度密切相关，对整个电力系统的运行也有重要的影响。

（11）站用电设备。常规直流换流站的站用电设备与变电站配置相似。

2.3.2.2　柔性直流换流站

柔性直流换流站主要电气设备包括电压源型换流器、连接变压器、阀电抗器、开关设备、测量装置、计算机监控系统、控制保护系统以及站用电设备等。设备的主要功能如下：

（1）电压源型换流器。其作用是通过其中的半导体开关器件，使电流在交流和直流之间进行变换。目前主要采用的为两电平、三电平及模块化多电平拓扑结构。由于采用了具有可关断能力的半导体器件（如 IGBT 等）和脉宽调制技术，电压源型换流器与常规直流的换流器有本质区别。

（2）连接变压器。向换流器提供交流功率或从换流器接收交流功率，并将交流电网侧的电压变换到一个合适的水平。

（3）阀电抗器。它决定换流器的功率输送能力，同时也影响有功功率与无功功率的控制，并可抑制换流器输出的电流和电压中的开关频率谐波量和短路电流。

（4）开关设备。柔性直流换流站的开关设备包含交流开关设备和直流开关设备。交流开关设备作用与常规直流换流站的开关设备作用相同，直流开关设备主要应用于将直流故障从系统中切除或将恢复正常的直流线路重新投入系统中，从而避免由于直流故障导致整个换流站退出系统。

（5）测量装置。柔性直流换流站的测量装置与常规直流的测量装置在功能特性方面基本相同。

（6）计算机监控系统。能实现对站内电气设备的监视与控制，主要功能包括实时数据采集与处理，控制操作和同步检测，电压—无功自动调节等。

（7）控制保护系统。与常规直流的控制保护系统功能相似，但由于柔性直流的控制功能多样性，其控制保护系统也更为复杂、更为灵活。柔性直流输电系统控制保护系统可自动改变换流器的调制比和相角，调节直流线路电压、电流和功率，满足系统对调节有功和无功功率的要求，且针对柔性直流的设备保护也有更严格的要求。

（8）站用电设备。柔性直流换流站的站用电设备与变电站配置相似。

2.3.3 海底输电电缆及其主要附件

（1）海底电缆。海底电缆敷设在海洋环境中，电缆外护套直接与水接触或埋设在水底，具有较强的抗拉、抗压、纵向阻水和耐腐蚀性等能力的电力电缆。海底电缆主要用于水下传输大功率电能，与地下电力电缆的作用等同，只不过应用的场合和敷设的方式不同。

（2）软接头（工厂接头）。连续长度是海底电缆的基本要求之一。如果由于制造设备的限制，单根长度满足不了工程要求时，可在制造厂内用软接头将未铠装的电缆连接到所需的长度，再将电缆连同软接头一起进行连续铠装。软接头的结构尺寸与海底电缆本体相同或略大，它和海底电缆一样能承受拉、扭和弯曲等各种机械应力的作用。

（3）海底电缆海上终端。海上终端安装环境甚为严酷。直流海底电缆一般采用户外终端，采用导线与其他设备相连；除中压外交流海底电缆往往采用 GIS 终端将海底电缆直接连接 GIS 封闭开关，采用聚合物绝缘插入连接器或变压器终端。虽然这些附件均是陆上电缆采用的标准部件，但它们必须防腐并且满足平台甲板上使用的产品要求和安全标准，这些标准相对陆上产品更为严格。

（4）J-管。海底电缆一般通过 J-管向上引至固定平台甲板，其形与英文字母"J"形似，故命名为 J-管。J-管的头部朝下，并延伸至海底，而其尾部朝上，至平台最底层甲板附近。海底电缆安装时，用拉绳通过喇叭口拉住海底电缆向上至平台。为保证顺利安装海底电缆，J-管头部弯曲半径应明显大于海底电缆最小转弯半径，且 J-管直径至少应是海底电缆外径的 2.5 倍。

（5）锚固装置。锚固装置是一种将海底电缆铠装层夹紧以起到锚固作用的法兰构件。海底电缆登陆侧锚固装置一般设置在低潮位处，防止海底电缆被锚钩住后陆上段海底电缆下滑。海上侧锚固装置一般设置在海上平台，用于承受引上平台段海底电缆的自重。

2.4 海上风电送出工程技术简介

2.4.1 系统并网工程技术

系统并网工程技术针对不同的海上风电装机规模、输电距离，研究风电接入对电网的影响机理，提出有现实指导意义的应对措施，以满足电网规划和调度运行的要求，确保电网及风电场的安全稳定运行，给出合理的海上风电场接入电网的方式。重点涉及以下关键技术：

（1）海上风电场不同输电技术输电电压选择。根据海上风电的装机规模和距离，合理确定海上风电场输电电压是工程实施的首要参数。交流或直流输电电压选择与送出方式的拓扑结构、网络损耗以及设备造价有直接关系，最终会导致投资和运行经济性有较大差别。同时，电压选择对变电站避雷器保护水平、内过电压和绝缘配合、对外绝缘配置、换流站的布置等也有较大影响，是海上变电站设计的基础。

（2）海上风电场送出系统交直流谐波源分析及其治理。风力发电系统中，应用了大量的电力电子器件，实际运行中会产生谐波。风电送出系统中，若采用直流输电方式，换流器在交直流侧会产生大量谐波，需对不同拓扑结构换流器的交直流谐波量进行分析计算，研究减少谐波的办法，提出交直流滤波器设计方案，为工程设计提供滤波器仿真计算平台和工程设计依据。

（3）海上风电送出系统无功补偿配置。海上风电采用交流送出方式时，海底电缆充电功率较大，对风电场并网点及风电机组机端电压影响较大；海上风电采用直流送出方式时，电力电子装置在整流和逆变的过程中也会产生较多的谐波。根据电力系统无功功率分层和分区补偿原则，需要考虑配置一定容量的补偿装置，便于风电场侧电压调节和功率因数调整。合理的无功补偿方案对于提高整个系统的安全性和稳定性具有重大意义。

（4）海上风电场接入对电网稳定性影响。针对风电接入的特点，结合电网运行特性，深入研究风电场并网的无功问题，分析海上风电场接入对电网稳定性影响，以解决风电场实际运行中因无功电压问题造成的风电机组脱网。海上风电场无功补偿装置的运行、控制对电力系统安全运行至关重要。

2.4.2　海上变电站工程技术

（1）海上变电站的电气设备布置。海上变电站具有无人值守、离岸距离远、运行环境恶劣、检修维护不便、发生故障经济损失大、布局紧凑等特点，因此海上升压站电气设计相对于传统陆上风电场升压站具有一定的不同，主要体现在：

1）设备布置更紧凑。海上变电站空间有限，设备的布置应综合考虑规程规范要求和工程实际情况。

2）设备抗盐雾能力要求高。海上变电站所处自然环境恶劣，尽管设备布置在房间内，应充分考虑设备防盐防腐的要求。

3）设备防潮能力要求高。根据相关标准，各类电气设备均需配置空间加热装置或采用防护等级高的设备，以防止高度潮湿环境对设备造成的影响。

4）电气设备可靠性要求更高。海上变电站平台要求使用高可靠性的电气装置，如气体绝缘成套开关设备、高燃点油变压器、GIS 等，以尽可能减少设备的检修维护。

（2）海上变电站的控制保护技术。为了满足海上变电站无人值守、自动化程度高的运行要求，海上变电站设施的控制保护也需要更为完备、先进。

1）监控系统功能更完备。配置完善的海上变电站计算机监控系统、视频监控及安全警卫系统、电气设备状态监测系统，确保在远方能够实现主要电气设备的集中监控，并在故障发生极早期得到及时的预警预报。

2）远动和通信设备的可靠性更高。远动装置和通信设备双重化配置，设置无线通信设备作为海底电缆光纤通信的备用。

3）火灾自动报警要求更高。采用灵敏度更高的火灾探测器，用于火灾极早期的报警，并设置多级报警联动逻辑，以避免自动灭火系统的误动。

4）直流系统和 UPS 系统后备时间更长、可靠性要求更高。直流系统和 UPS 系统后备时间按 4h 考虑，充分考虑设备冗余，确保事故期间监控、通信及火灾报警设备处于正常工作状态。

2.4.3 海上换流站工程技术

海上换流站在整体布置安装、设备抗盐雾、设备防潮及设备可靠性等方面要求与海上变电站基本一致。但由于换流站本身的特点，其相关技术除了包含海上变电站设备的主要技术外，还包括换流器所采用的拓扑结构、模块化多电平换流器（Modular Multilevel Converter，MMC）换流站电气设备的选型、换流站控制保护系统等内容。

（1）换流站拓扑结构。换流站的拓扑结构是直流输电系统的关键技术之一，可分为传统的两电平、三电平等电平数较低的换流器和应用于柔性直流输电系统的 MMC。选择不同的拓扑结构对柔性直流输电系统的系统特性、功能类型、造价水平等方面影响很大，工程中选择合适的拓扑结构至关重要，是直流系统设计的重点之一。

（2）模块化多电平换流器。早期柔性直流输电采用两电平或三电平换流器技术，但存在谐波含量高、开关损耗大、中点电压平衡问题等缺陷。而模块化多电平换流器技术通过多个开关模块叠加得到较高的直流电压，避免了开关器件的直接串联，降低了输出电压的谐波含量。MMC 具有开关损耗较低、故障穿越能力强等优势。目前欧洲各国的最新海上风电并网均采用基于 MMC 拓扑结构的柔性直流输电技术，此技术有成为海上风电主流并网技术的趋势。

MMC 具有以下明显优点：

1）从根本上解决了两电平或三电平由于依赖器件串联升压带来的均压问题。

2）IGBT 开关损耗很低，提高了系统整体传输效率，减小了系统电磁噪声。

3）可实现低电压穿越，提升系统的稳定性。

4）由于电平数量的大量提高，使得换流系统并网点谐波含量很少，无需交流侧高频滤波器，节省了投资成本和占地面积。

5）模块化的结构使得容量拓展和冗余设计更为容易。

因此，MMC 结构的 VSC - HVDC 输电方式更适合作为大容量、长距离海上风电的接入方式，对此展开相关内容的研究已成为了海上风电并网技术发展的必然需求。

（3）换流站电气设备选型。换流站的电气设备选型与常规变电站存在很大差异，即使在直流换流站中，常规直流换流站和柔性直流换流站的电气设备也有一定的区别，因此明确换流站电气设备选型的原则思路和计算方法具有重要的意义，是系统安全稳定运行的技术基础和重要依据。

（4）换流站的控制保护系统。换流站的控制保护是换流站运行的核心，直接决定系统能否安全稳定地运行。控制保护系统包含直流系统的运行控制、站间协调控制及保护配置等重要功能，是体现直流系统技术优势的关键因素，因此控制保护系统是换流站的重要关键技术之一。

2.4.4 海底电缆工程技术

（1）海底电缆路由选择。海底电缆路由的选择直接关系到海底电缆工程的建设成本和工程质量，经科学选择，条件良好的海底电缆路由不仅可以提高海底电缆的安全性、可靠性和经济性，而且也可以合理地利用和保护我国的海洋资源，因此，路由选择是海底电缆工程技术的重点之一。

（2）海底电缆选型。海底电缆与一般陆上海底电缆相比，其运行环境、敷设方式、电缆本体结构以及金属套接地方式均有很大的不同，其电气、机械等方面的性能也有所不同，选择经济合理的电缆型式，对于降低工程投资、减少海底电缆损耗、确保海底电缆安全稳定运行具有重要意义，因此，海底电缆选型是海底电缆工程的关键技术之一。

（3）海底电缆敷设保护。自 1951 年日本明石海峡成功敷设了世界上第一条 22kV 海底充油电缆开始，海底电缆就因不断遭受外部损坏而时有故障发生，不仅造成电力传送中断，更严重的是往往造成巨大的经济损失和社会影响。加之海底电缆处于恶劣的海底环境中，保护和维修均相当困难。为提高海底电缆线路的安全可靠性，在海底电缆工程中还应对海底电缆的敷设保护措施重点加以考虑。

本　章　小　结

本章主要介绍海上风电场的发电系统和送电系统的构成并系统地阐述了其技术原理。由于海上风电的并网方式相较于常见的火电、核电等电源大有不同，本章重点围绕三种并网方式，介绍了对应的主要设备和功能特性，进一步分析了海上风电的构成原理。在上述内容基础上，有针对性地提出了海上风电送出工程的几项关键技术：如系统并网技术中的电压选择、系统交直流谐波源分析及其治理、无功补偿配置和稳定性分析技术；海上变电站和换流站技术中的电气设备布置和控制保护技术；海底电缆工程技术中的路由选择、海底电缆选型和敷设保护技术等，为后续章节的展开起到提纲挈领的作用。

第3章 海上风电场并网的影响及对策

海上风电出力随机性强，间歇性明显，机组本身的运行特性和风资源的不确定性，使得风电机组不具备常规火电机组的功率调节能力。因此，海上风电场并网会对电网的运行产生一定的影响，本章将从研究风电机组的电气特性出发，详细阐述风电出力的特点，进而指出风电场并网对电网的影响，最后给出相应的解决措施。

3.1 海上风电场并网的影响

针对风速的随机性、间歇性导致海上风电功率的不确定性大，以及风电机组本身的运行特性使风电场输出功率具有波动性强的特点，需要从系统电压、频率以及系统的稳定性等方面研究海上风电场出力的特点和海上风电场并网对电网的影响，以提出相应的对策和解决措施。

3.1.1 风电出力的特点

（1）风电出力随机性强，间歇性明显。风电出力波动幅度大，波动频率也无规律性，在极端情况下，风电出力可能在 0～100％ 范围内变化。风电出力有时与电网负荷呈现明显的反调节特性。风电场一般日有功出力曲线如图 3-1 所示。

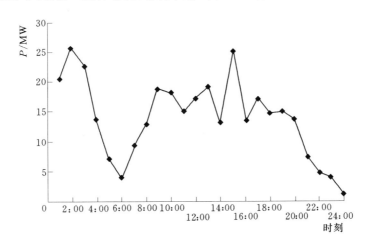

图 3-1 风电场一般日有功出力曲线

可见，风电功率出力的高峰时段与电力系统日负荷特性的高峰时段（8：00—11：00，18：00—22：00）并不相关，体现了较为明显的反调峰特性。一些地区全年出现反调峰的天数可占全年天数的 1/3～1/2。反调峰的现象导致风电并入后的等效负荷峰谷差变大，恶化了电力系统负荷变化特性。

（2）风电年利用小时数偏低。国家能源局发布数据显示，2014 年年底全国并网风电装机容量 9581 万 kW，设备平均利用小时 1905h。其中，海上风电约 38.9 万 kW，设备平均利用小时略高，可达到 2500h 左右。

（3）风电功率调节能力差。风电机组在采用不弃风方式下，只能提供系统故障状况下的有限功率调节。风电机组本身的运行特性和风资源的不确定性，使得其不具备常规火电机组的功率调节能力。

3.1.2　对电网的影响

风电等可再生能源接入系统主要有以下问题：

（1）通常风能资源丰富地区距离负荷中心较远，大规模的风电无法就地消纳，需要通过输电网输送到负荷中心。

（2）对于风电来说，由于风速的随机性和间歇性，风电功率不确定性大、较为分散，直接交流方式接入电网对交流系统电压和频率都有不良影响，主要表现为电压偏差、电压波动及闪变，特别是对于短路容量较小的薄弱电网的影响较大。

（3）部分风电场运行时消耗较大无功，并网后将从电网动态吸收无功。

（4）有较大谐波干扰。

3.1.2.1　系统电压

海上风电场并网带来的电压问题主要是电压偏差和电压闪变。

（1）电压偏差。由于风电场的风力发电机运行时要从电网吸收感性无功来建立磁场，所需感性无功功率对电网来说是一个相当大的负担，会引起较大的功率损耗和电压损耗，这必然导致电压偏差增大。

从电网向风电场看，设电网端的电压为 U_1，风电场端的电压为 U_2，从电网看风电场的电压纵分量为

$$\Delta U_1 = \frac{-PR+QX}{U_1} \tag{3-1}$$

横分量为

$$\delta U_1 = \frac{-PR-QX}{U_1} \tag{3-2}$$

两者电压角度相差不大时，可以近似地认为电压损耗就等于电压降落的纵分量，即

$$U_2 = U_1 - \Delta U_1 \tag{3-3}$$

若忽略变压器的电阻，线路的电抗值一般为线路电阻的数倍，所以

$$U_2 = U_1 - \frac{QX}{U_1} \tag{3-4}$$

式（3-4）表明，当风电场向系统输送功率时，无功功率是产生电压下降的主要因素。因此风电场需要从系统吸收无功功率是引起电压偏差的根本原因。

（2）电压闪变。电压闪变是海上风电场并网带来的另一个系统电压问题。风电机组大多采用软并网方式，但是在启动时仍然会产生较大的冲击电流。当风速超过切出风速时，风电机组会从额定出力状态自动退出运行。如果整个风电场所有风电机组几乎同时动作，这种冲击对配电网的影响将十分明显。不但如此，风速的变化和风电机组的塔影效应都会导致风电机组出力的波动，而其波动正好处在能够产生电压闪变的频率范围之内（低于25Hz），因此，风电机组在正常运行时也会给电网带来闪变问题，影响电能质量。已有的研究成果表明，闪变对并网点的短路电流水平和电网的阻抗比（也有说是阻抗角）十分敏感。

3.1.2.2　谐波污染

风电给系统带来谐波的途径主要有以下方面：

（1）风力发电机本身配备的电力电子装置可能带来谐波问题。对于直接和电网相连的恒速风力发电机，软启动阶段要通过电力电子装置与电网相连，因此会产生一定的谐波，不过因为过程很短，发生的次数也不多，通常可以忽略；对于变速风力发电机则不然，因为变速风力发电机通过整流和逆变装置接入系统，如果电力电子装置的切换频率恰好在产生谐波的范围内，则会产生很严重的谐波问题，不过随着电力电子器件的不断改进，这一问题也在逐步得到解决。

（2）风力发电机的并联补偿电容器可能和线路电抗发生谐振，在实际运行中，曾经观测到在风电场出口变压器的低压侧产生大量谐波的现象。

通过海上风电场并网系统进入电网的谐波分量过大，会对电力系统设备造成多方面的危害：首先，谐波会在电气设备的基波电压上叠加谐波电压，引起电气应力的增加，危害设备的安全运行；其次，谐波会使换流器的控制不稳定，引起电网中发生局部谐振过电压；再次，谐波还会引起附加发热、保护系统的误动作和计量设备的误差；最后，在换流器直流侧所面临的问题是电压谐波与通信线路产生相互作用，可能产生电磁干扰。

3.1.2.3　系统稳定

风电场一般在电网的末端接入，而风电场的大规模异步风电机组向电网注入功率时也从系统吸收大量的无功功率，同时风电场出力的随机性造成了接入点的潮流是双向流动的，这在原有电网的设计和建造时是未曾考虑的。随着风电场注入电网功率的加大，当地电网的电压和联络线功率会超出额定范围，严重时会导致电网崩溃。由于异步风力发电机具有规律恢复特性，若风电机组在系统故障排除后能恢复机端电压并稳定运行，则地区电网的暂态电压稳定性便能得到维持；若风电机组在故障排除后无法恢复机端电压，风电机组将超速运行并失去稳定，破坏区域电网的暂态电压稳定性。此时，需利用风电场的无功补偿装置、风电机组的无功支撑能力在暂态过程中支撑电网电压，或者及时切除风电机组，以保证区域电网的暂态电压稳定性。随着风力发电在整个系统中所占的比重越来越大，风电不稳定的有功功率输出对电网的功率冲击效应也将不断增大，严重情况下，将会破坏系统的动态稳定性，导致整个系统解列。

大型风电场及其周围地区常常会有电压波动大的情况。主要是因为以下情况：

（1）风力发电机组启动时仍然会产生较大的冲击电流。单台风电机组并网对电网电压的冲击相对较小，但并网过程至少持续一段时间后（约为几十秒）才基本结束，多台风电机组同时直接并网则会造成电网电压骤降。因此多台风力发电机组的并网需分组进行，且要有一定的间隔时间。

（2）当风速超过切出风速或风电机组发生故障时，风电机组会从额定出力状态自动退出并网状态，风电机组的脱网会产生电网电压的突降，而机端较多的电容补偿由于抬高了脱网前风电场的运行电压，从而会引起电网电压下降得更多。

（3）风电场风速条件变化也将引起风电场及其附近的电压波动。比如当风场平均风速加大，输入系统的有功功率增加，风电场母线电压开始有所降低，然后升高。这是因为当风电场输入功率较小时，输入有功功率引起的电压升高数值小，而吸收无功功率引起的电压降大；当风场输入功率增大时，输入有功引起的电压升高数值增加较大，而吸收无功功率引起的电压降增加较小。如果考虑机端电容补偿，则风电场的电压增加。需要指出的是，当风电场与系统间等值阻抗较大时，由于风速变动引起的电压波动现象更为明显。

3.1.2.4　系统调频

电力系统是个实时动态平衡系统，发电、输电、用电必须时刻保持平衡。常规电源功率可调、可控，用电负荷的预测精度已经很高，在没有风电的情况下电网频率完全可控。风电功率具有波动性和间歇性，并且很难精确预测，这给电网调频带来一定影响。

风电机组输出的有功功率主要随风能变化而调整，一般情况下风电机组不参与系统调频。德国只要求风电机组在高频时可减出力（即采用放弃部分风能的做法）；英国要求参与调频，但一般不用；丹麦要求在大规模、集中接入、远距离输送的大型风电场留有一定的调节裕度（即采用弃风方式保留一定的调整容量），不仅参与调频，还参与调峰。我国现行的标准没有对于风电机组参与系统调频提出要求，现有运行风电机组均不参与系统频率调整。

3.1.2.5　系统调峰

由于风电具有随机性、间歇性、反调节性及波动大的特点，所以对系统调峰的影响主要表现在：①大规模风电接入导致电网等效负荷峰谷差变大，客观上需要增大调峰容量；②风电的反调节特性进一步加大了对系统调峰容量的需求。

调峰问题是制约我国风电大规模并网的主要矛盾之一。电源结构不合理是导致调峰困难的根本原因。我国调峰电源结构与德国等国家相比有较大的差异。从德国的电源结构来看，燃油、燃气、水电等快速功率调节电源占有较大比例，具有较强的调峰能力，为风电的开发利用提供了较好的基础条件。我国快速功率调节机组所占比例较低，大规模风电集中接入将增加电网调峰压力，必须配套建设相应容量的调峰电源，加强全国联网，采用风火、风水打捆外送的方式来实现。

3.1.2.6　低电压穿越

低电压穿越（Low Voltage Ride - Through，LVRT）能力是指在风电机组并网点电压跌落时，风电机组能够保持并网，甚至向电网提供一定的无功功率以支持电网恢复，直到电网电压恢复正常，从而"穿越"这个低电压时间。

在这种情况下，常规机组（火、水、气、核）均可通过快速励磁调节，提供电压支撑，保持在系统低电压期间机组的可靠联网运行而不脱网（一般为故障重合闸时间），低电压穿越能力强。

3.2 海上风电场并网的对策

海上风电场并网后会引起电力系统的诸多问题，如电压、功率和稳定性等问题，针对这些问题，可以通过几个关键指标进行约束来减少或者消除这些问题。

3.2.1 系统电压

海上风电场并网带来的电压问题主要是电压偏差和电压闪变。我国要求风电场连续运行区间为额定电压的$-10\%\sim+10\%$；并网电压为110kV及以下时，并网点电压的正、负偏差绝对值之和不超过10%；并网电压为220kV及以上时，并网点电压的正、负偏差为额定电压的$-3\%\sim+7\%$。

电压偏差主要由无功问题引起，电压闪变则是由于功率的波动性导致。采用交流输电方式，则需要同时解决电压偏差和电压闪变的问题，若采用直流输电方式则电压偏差问题会相对较小，只需重点解决电压闪变的问题。

1. 电压偏差解决措施

从前文的分析可以看出，当风电场向系统输送功率时，在输电电压一定的情况下，电压损耗近似与传输的无功功率成正比，无功功率是产生电压下降的主要因素。因此风电场需要从系统吸收无功功率是引起电压偏差的根本原因。

GB/T 19963—2011《风电场接入电力系统技术规定》指出，风电场要充分利用风电机组的无功容量及其调节能力；当风电机组的无功容量不能满足系统电压调节需要时，应在风电场集中加装适当容量的无功补偿装置，必要时加装动态无功补偿装置。

由于长距离海底电缆的充电功率较大，对风电场并网点及风机机端电压影响较大。根据电力系统无功功率分层和分区补偿原则，需要考虑配置一定容量的感性补偿装置吸收海底电缆的充电功率，同时应配置一定容量动态无功补偿设备便于风电场侧电压调节和功率因数调整。

2. 电压闪变解决措施

目前，在风电接入电力系统中，为抑制电压闪变可从多方面着手。如设计规划合适的风电场并网短路容量、线路阻抗比和合适的机型。另外，还可利用控制操作系统、电能质量补偿设备和储能元件等。

（1）提高系统的短路容量比。当短路容量较小时，其产生的波动电流在系统的供电线路阻抗上产生波动的压降，可使系统中多个电压等级节点产生电压闪变，使电能质量恶化，危害电网安全运行；当短路容量比较大时，可有效抑制电压闪变。

（2）采用电能质量补偿器。国外一般采用有源电力滤波器（Active Power Filter，APF）抑制电压闪变。对于有功波动频率增大所产生的电压闪变，不仅要求补偿设备补偿无功波动，而且还要补偿瞬时有功，这就要求只有带储能设备的装置才能补偿，如动态电压补偿器（Dynamic Voltage Restorer，DVR）。在工程经验上，静止无功补偿器（Static Var Compensator，SVC）抑制电压闪变能力可以达到2∶1，但是受其响应速度的影响，即便增大SVC容量，对于改善其对电压闪变抑制能力的作用也不大。静止同步补偿器

（STATCOM）具有电流源补偿特性，其对电压闪变的补偿能力可达到 4：1～5：1，由于其响应速度非常快，增大 STATCOM 容量还可以继续提高其抑制电压闪变的能力。

3.2.2　谐波治理

风力发电机本身配备的电力电子装置，以及整流逆变等送出装置均会产生大量谐波。采用交流或直流输送方式，均可考虑采用改造谐波源、装设滤波器等滤波设备、改变系统参数三种方式治理谐波。

1. 改造谐波源

（1）增加换流器调制频率。电压源换流器一般采用 PWM 调制，它的谐波特性取决于载波频率的大小，载波频率越高，直流输电系统的谐波含量越小。因此提高换流器载波频率是一种减小谐波的有效方法，但当载波频率过高时，换流器上的 du/dt、di/dt 应力也会越大，对可关断器件的运行不利，损耗也会增大。

（2）改进换流器拓扑。同样电压等级下，电平数越高，则 PWM 调制方式下电压跃变就越小，输出电压的畸变越小。采用多电平换流器的结构也是改善谐波特性的一个有效方法。

（3）改变换流器调制方式。3 次谐波注入、特定消谐法等调制方式可以改善谐波特性。

2. 装设滤波器等滤波设备

（1）串联滤波器。在谐波频率下阻抗很高的串联回路，能阻止谐波从换流器进入电网或直流线路。

（2）并联滤波器。在谐波频率下阻抗很低的并联回路，能使谐波流入滤波器而不进入电网或直流线路。

（3）并联滤波器和串联滤波器的两者结合。串联滤波器会通过主电路的全部电流，必须对地以全电压绝缘；而并联滤波器的一端可以接地，通过它的电流只是由它所滤除的谐波电流和一个比主电路电流小得多的基波电流，绝缘要求也相对较低。

3. 改变系统参数

换流器交流侧的相电抗器的大小也决定了其对交流线路中谐波分量的抑制作用，电感越大，对谐波的抑制作用也就越明显。

如果输电线路采用电缆线路，则电缆的杂散电感对谐波有一定的抑制作用；另外，增大线路的衰减常数的方法也可以减小输电线路中的谐波分量。

3.2.3　系统稳定

在电网发生较大的故障如三相短路故障时，直驱式永磁发电机由于受到全功率变流器的保护，受电网故障的影响较小。但是如果风电机组在故障情况下仍然工作在恒功率因数状态，便不能够给系统提供有效的无功支持，减小电压跌落的趋势。而且，由于故障线路的切除将导致海上风电场大量的有功功率无法完全送出，大量的能量仅仅通过发电机侧变流器而不能通过电网侧变流器。因此这部分能量积聚在直流母线处，导致全功率变频器的直流母线电压急剧上升。当超过电压保护限值时，为了保护全功率变流器，不得不将海上风电场内所有风电机组退网运行，进一步增大了系统的有功缺额，对系统故障后电压和频率的恢复都是十分不利的，严重的情况下将直接影响到风电场的运行及电网的安全。针对这个问题，分别对交流和直流两种输电方案来研究风电机组暂态电压稳定性的改善方法。

（1）交流输送方式可考虑利用无功补偿装置改善暂态电压稳定性。目前国内风电场通常采用无功补偿方式，也就是在风电机组出口安装并联电容器组来保证系统电压稳定。由于并联电容器补偿通过电容器组的投切实现，调节特性呈阶梯形，补偿效果受限于电容器组数及每组容量，响应速度慢，不能对无功进行平滑调节。为此电力系统中常用静止无功补偿器（Static Var Compensator，SVC）、静止同步补偿器（Static Synchronous Compensator，STATCOM）等动态无功补偿设备来改善电网暂态稳定性。

（2）直流输送方式可考虑利用附加直流电压控制模块改善暂态电压稳定性。在电网发生故障导致电压跌落时，海上风电场的运行方式不能保持最大功率输出方式，而要转变控制方式为电网提供一定的无功支持，使得电网的电压能尽可能地恢复到额定电压。全功率变流器的发电机侧变流器和电网侧变流器分别独立控制，电网侧变流器采取定直流电压以及最大功率跟踪的控制方式，发电机侧变流器采取恒定交流电压控制和最大功率跟踪控制策略。为了解决上述问题，可考虑引入直流电压控制模块。

在稳定运行状态下，最大功率跟踪模块工作，发电机侧变流器控制能够最有效率地传输永磁电机输出的有功功率。当电网发生故障的时候，发电机侧变流器的首要任务变成了帮助电网进行电压恢复，因此控制方式改为恒定交流电压控制和恒定直流电压控制策略，发电机侧变流器和电网侧变流器协同控制使得传输的有功功率减少，传输的无功功率增加，既提高了电力系统的电压暂态稳定性，又保护了海上风电场全功率变流器。这种工作方式持续到直流母线电压基本恢复到其额定值，发电机侧变流器重新恢复到恒定交流电压控制和最大功率跟踪控制策略。恒定交流电压控制和恒定直流电压控制策略的引入有利于风电机组的暂态电压稳定。

3.2.4 系统调频

电力系统是个实时动态平衡的系统，发电、输电、用电必须时刻保持平衡。常规电源功率可调、可控，用电负荷的预测精度已经很高，在不含风电的系统中电网运行的频率是完全可控的。风电功率具有波动性和间歇性，并且很难精确预测，这给电网调频带来一定影响。针对这一问题，GB/T 19963—2011《风电场接入电力系统技术规定》中提出了的相关要求，见表 3-1。

表 3-1 风电机组运行频率要求

频率范围/Hz	要 求
<48	根据风电场中风电机组允许运行的最低频率而定
48～<49.5	每次频率低于 49.5Hz 时要求风电场具有至少运行 30min 的能力
49.5～<50.2	连续运行
≥50.2	每次频率不小于 50.2Hz 时，要求风电场具有至少运行 5min 的能力，并执行电力系统调度机构下达的降低出力或高周切机策略，不允许停机状态的风电机组并网

风电机组输出的有功功率主要随风能变化而调整，一般情况下风电机组不参与系统调频。由于风电机组功率不可控，电网频率调整必须由传统电厂承担。在海上风电接入电网规模逐步增长的情况下，需同步配套建设相应容量的调频电源。

3.2.5 系统调峰

对于风电场输出功率，我国规定在特定情况下（电网故障、调频能力不足等），风电场能根据电网调度部门指令控制其有功功率输出，对风电场最大功率变化率给出了推荐值。

由于风电具有随机性、间歇性、反调节性及波动大的特点，所以在对系统调峰的影响主要表现在：①大规模风电接入导致电网等效负荷峰谷差变大，客观上需要增大调峰容量；②风电的反调节特性进一步加大了对系统调峰容量的需求。

我国电源结构不合理是导致调峰困难的根本原因。我国快速调节机组所占比例较低，大规模风电集中接入将增加电网调峰压力，必须配套建设相应容量的调峰电源，加强跨区域联网，采用风火、风水打捆外送的方式来实现。

此外，提高风功率预测的水平和制定合理的电网调度运行计划也是解决系统调峰问题的必要手段。

3.2.6 低电压穿越

相关研究表明，大规模风电场的低电压穿越能力对电网的安全稳定运行有一定影响，风电机组低电压穿越能力如何配置需要根据电网的实际情况，通过仿真计算来决定。我国的国标 GB/T 19963—2011 中提出风电场的低电压穿越要求如图 3-2 所示。

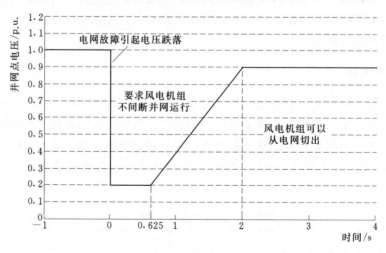

图 3-2 我国风电场低电压穿越能力要求

（1）风电机组具有在并网点（与公共电网直接连接的风电场升压变压器高压侧母线）电压跌落至 20% 额定电压时能够维持并网运行 625ms 的低电压穿越能力。

（2）风电场并网点电压在发生跌落后 2s 内能够恢复到额定电压的 90%，风电机组应具有不间断并网运行的能力。

本 章 小 结

海上风电出力的特点包括随机性强、间歇性明显、年利用小时数偏低（一般为 2000～2500h）、不具备常规火电机组的调节能力等。

海上风电的特性决定了风电机组并入电力系统后，会造成对系统电压、谐波污染、系统稳定性以及对系统的调峰调频等方面的影响。为缓解风电场并网对系统的各方面的影响，通过系统地分析风电机组并网存在问题的因素，参考国家标准及相应风电场并网问题的应对策略，有针对性地给出了应对策略，为后续开展海上风电送出的输电方案选择及参数设计提供理论基础。

风电场并网对电能质量和电力系统运行安全的影响及可考虑采取的应对措施详见表 3－2。

表 3－2　风电场并网对电网电能质量和电力系统运行安全的影响

影响类别	影响结果	主要原因	应对措施
系统电压	电压偏差	无功输出变化	风电场集中加装适当容量的无功补偿装置，必要时加装动态无功补偿装置
	电压波动和闪变	风电场出力波动	（1）提高系统的短路容量比。 （2）采用电能质量补偿器
系统频率	频率偏移	风电场切出	同步配套建设相应容量的调频电源
谐波	谐波污染	电力电子装置，无功补偿设备	（1）改造谐波源。 （2）装设滤波器等滤波设备。 （3）改变系统参数
系统稳定	有功缺失	风电场切出	交流输送方式考虑利用无功补偿装置改善暂态电压稳定性；直流输送方式可考虑利用附加直流电压控制模块改善暂态电压稳定性
	加重电网故障程度	不具备低压穿越能力	
负荷平衡	等效负荷峰谷差增大	风电反调峰特性	建设相应容量的调峰电源，加强跨区域联网，采用风火、风水打捆外送的方式来实现，提高风电功率预测的水平和制定合理的电网调度运行计划
	系统旋转备用容量增加	风电随机性和间歇性	

第 4 章　海上风电送出方式

目前，世界范围内海上风电送出方式主要分为高压交流（HVAC）和高压直流（HVDC）两大类，其中 HVDC 又分常规高压直流（LCC－HVDC）和柔性高压直流（VSC－HVDC）两种方式。由于其输电原理、系统组成部分及建设方式各有不同，这几种输电方式分别有其不同的适用范围和各自的优缺点。

HVAC 输电方式通常用于海上风电场规模较小且风场距离海岸较近的情况，一般需要加装无功补偿装置后接入陆上电网，目前世界范围内已有工程应用。

LCC－HVDC 输电方式可以连接规模更大、离岸更远的海上风电场，可以适应风电场大范围频率波动，不受传输距离的限制，且传输损耗较低。但该方式换流站技术复杂、成本较高，目前还未有建成的并网工程。

VSC－HVDC 输电方式在继承了传统高压直流输电优点的基础上，解决了传统高压直流输电吸收大量无功功率和换相失败等问题，非常适用于风电场接入交流主网。目前，德国、丹麦、挪威等国的近期海上风电工程并网均考虑采用这项技术，有成为离岸距离较远的海上风电主流并网技术的趋势。

随着海上风电的快速发展，风电场规模的不断扩大，其并网对电网电能质量的影响必须引起足够重视，因此，海上风电送出方式的选择应重点考虑输送容量、输送距离、经济性、可靠性、环境友好性等因素，在实际的工程中还应结合各个风电场的实际情况。

4.1　HVAC 输 送 方 式

4.1.1　HVAC 输送方式概述

HVAC 输电是海上风电场并网的常规方法，因为岸上主电网是高压交流电网。当海上风电场的规模相对较小，且离海岸距离较近时，一般采用交流电缆加静止无功补偿器的方式接入陆上电网。HVAC 送出方式的原理示意图如图 2－4 所示。

海底电缆应用受限主要源于电缆本身的电容特性。电缆产生无功功率的量取决于电缆长度和系统电压的平方，交联聚乙烯电缆典型值范围为 $100\sim150kvar/km$（33kV），$1000kvar/km$（132kV），$6\sim8Mvar/km$（400kV）。它产生的无功电流限制了传输有功功率可利用的电流容量，而只在线路终端安装补偿电抗器扩展输电距离的效果也是有限的。

4.1.2　HVAC 输送方式的特点

HVAC 输送方式传输系统结构简单，工程造价低，但由于交流电缆充电电流的影响，一般需要装设大容量动态无功补偿设备，因而只适合小规模近海风电场。同时，采用

HVAC 输送方式与陆上交流电网相连存在稳定性问题，由于风电场所在地的交流电网与主电网是同步连接的，因此任一送出系统中的故障都会传播到其他电网中去，这也使得其传输容量和传输距离都受到限制。海底电缆线路的电容与陆上电网的电感之间可能发生谐振，从而导致近区电压波形失真。

（1）技术性约束。HVAC 输电方式传输距离最主要受电缆电容电流问题的影响。国外针对 HVAC 输电方式下可传输的有功功率进行了研究，如果只考虑电容充电电流的影响，电压等级为 380kV 的交流海底电缆在 50Hz 频率下，有功最大传输距离约为 140km；进一步考虑实际情况，假如需要传输 80％ 的额定功率，对应 50Hz 频率下海底交流电缆可传输距离约为 90km[7]。

（2）经济性约束。在海底电缆本体方面，海底电缆直流耐压强度高于交流耐压强度，故直流海底电缆绝缘厚度相对更小，本体成本相对更小；在运行过程中，直流海底电缆仅存在线芯损耗，而交流海底电缆除了存在线芯损耗外，还有绝缘介质损耗、金属护套损耗及铠装损耗等。在相同导体截面的情况下，直流海底电缆输送容量相对更大，此时单根直流海底电缆输送能力可增大到单根交流海底电缆的 1.5 倍以上，即 2 极的直流海底电缆系统输送功率大于三相的交流海底电缆系统，在同等输送功率下，直流海底电缆系统造价不到交流海底电缆系统的 2/3。在施工费用方面，交流输电线路有三根海底电缆，而直流输电线路只有两根，交流海底电缆施工费用约为直流海底电缆的 1.5 倍。综合以上分析并结合以往工程经验，交流海底电缆线路工程总体造价为直流电缆的 1.5～2 倍，经济性较差。

交流输电方式采用三相电缆输电，线路造价高、损耗大，但两端不需要电力电子装置，基于工频变压器的变电站费用较低。

4.2　HVDC 输 送 方 式

HVDC 输电已经在远距离大容量输电、海底电缆送电、不同交流系统之间的非同步联络等方面得到了广泛应用。与 HVAC 输电相比，HVDC 输电的线路造价和运行费用较低。相关数据表明，在一定的功率范围内 HVDC 输电和 HVAC 输电存在一个平衡距离的概念，即当直流输电线路和换流站的造价与交流输电线路和变电站的造价相等时的输电距离。超过平衡距离后，HVDC 输电的经济性优势逐步显现，而且 HVDC 输电更易于实现地下或海底电缆输电。随着风电场规模的扩大和海上风电场的快速发展，可考虑采用HVDC 输电技术实现大型风电场的接入系统。

4.2.1　LCC‐HVDC 输电

4.2.1.1　LCC‐HVDC 输送方式概述

LCC‐HVDC 输电采用基于无关断能力的低频晶闸管构成的电流型换流器（CSC），采用电网换相换流技术。风电场额定容量为 500MW 以上的系统采用基于晶闸管的 HVDC并网方式优势比较明显。LCC‐HVDC 送出方式原理示意图如图 2‐5 所示。

4.2.1.2　LCC-HVDC 输送方式特点

1. 优点

LCC-HVDC 输电方式具有以下优点：

（1）采用基于相控换流器的 LCC-HVDC 输电方式，风电场的频率可以大范围变化，由于采用 HVDC 传输方式，不存在和并网系统的同步问题，电网的每个联络终端都可以依照自己的控制策略运行，具有很大的独立性。

（2）传输距离和传输容量理论上均不受限制，交流线路的充电电流是一个影响电力传输的重要问题，而直流线路的充电电流则基本上可以忽略。结合目前海底电缆工艺和使用情况，在 500kV 电压水平下的最大输送功率可达约 1200MW，在电缆技术发展或并联情况下还可以达到更高的功率水平。

（3）单根电缆的传输容量高并且传输线路损耗低，在相同的敷设方式下，一对 HVDC 电缆的传输容量是相同规格的三相交流线路的 1.7 倍。此外，直流传输系统还可以隔离两端网络的故障。

2. 缺点

同时 LCC-HVDC 输电方式也存在以下缺点：

（1）技术性约束。LCC-HVDC 传输方式的主要缺点是换流站的晶闸管阀需要吸收大量无功并在电路中产生谐波，因而需要安装大量的滤波装置。此外，若近区交流系统发生干扰，容易发生换相失败，导致风电场功率无法送出；系统不具有黑启动能力。根据目前的工程应用情况来看，LCC-HVDC 输电方式一般适用于电网结构相对较强、输送容量大、送电距离远的电网。

（2）经济性约束。常规直流换流站投资较高。换流站含有变压器、晶闸管阀/IGBT、滤波器及电容器组等设备，目前换流站的造价按国内厂家估算，1000MW 的常规换流站造价大约为 9 亿元，同等规模下的交流变电站的造价约为 3 亿元。相对而言，交流输电变电站的造价较低。

交流输电和直流输电有一个平衡距离，对于海底电缆输电工程，根据查得文献及目前已投入运营的 110kV 及以上的海底电缆工程资料，结合现有的工艺条件和造价水平，80～100km 是交流电缆和直流电缆经济性和适用性的平衡距离。即在 100km 以下，交流电缆系统有着成本优势；100km 以上，直流电缆系统成本较低，且输电距离越长，直流电缆系统优势越明显。因此，虽然直流输电换流站的投资成本高于交流输电的变电站，但由于直流线路的花费较少，年运行费较少，故相比于交流输电，直流输电在远距离、大容量电力输送尤其是海上风电接入中具有较好的经济效益。

4.2.2　VSC-HVDC 输电

4.2.2.1　VSC-HVDC 输送方式概述

随着电力电子技术不断地发展，VSC-HVDC 输电技术为风电的远距离传输提供了一种新的可能。VSC-HVDC 输电技术是在 VSC 技术和全控型功率器件（GTO、IGBT、IGCT 等）基础上发展起来的一种 HVDC 输电新技术。目前，世界上已有多个已投产或在建的应用于风电接入的 VSC-HVDC 工程。德国的世界上最大的海上风电场通过海底和地下电缆由 VSC - HVDC 接入系统，国内的上海南汇风电场接入系统也采用了 VSC - HVDC 输电技术。VSC - HVDC 送出方式原理示意图如图 2 - 6 所示。

4.2.2.2 VSC - HVDC 输送方式特点

与 LCC - HVDC 输电技术普遍采用晶闸管和移相换流不同，VSC - HVDC 换流站采用的是电压源换流器 VSC，功率器件采用的是绝缘栅双极型晶体管 IGBT，通过 PWM 控制能够自动调整电压、频率、有功和无功，将 HVDC 输电技术应用于只有几兆瓦到几十兆瓦的功率相对小的直流输电系统。

1. 优点

相比 HVAC 输电和 LCC - HVDC 输电，VSC - HVDC 输电具有诸多适用于风电接入的优越性，具体如下：

（1）VSC - HVDC 输电系统对潮流和电压具有可控性，从电能质量及输电稳定性来说，VSC - HVDC 输电能使风电场等输出的电压、电流基本满足电能质量要求，实现交直流隔离，一方面对于提高电网稳定性有重要意义，另一方面可以最大限度地发挥可再生能源的发电能力。

（2）LCC - HVDC 输电靠控制无功补偿器（如电容器）的投切达到无功补偿目的，其控制比较复杂，同时成本较高。VSC 不仅不需要交流侧提供无功功率，而且能够起到 STATCOM 的作用，即动态补偿交流母线的无功功率，稳定交流母线电压。这表明，如果 VSC 容量允许，故障时 VSC - HVDC 输电系统既可向故障区域提供有功功率的紧急支援，又可提供无功功率的紧急支援，从而提高系统电压和功角稳定性。

（3）VSC 电流能够自关断，可以工作在无源逆变方式，不需要外加的换向电压，从而克服了 LCC - HVDC 输电的受端必须是有源网络的缺陷。

（4）多个 VSC 可以接到一个固定极性的直流母线上，易于构成与交流系统具有相同拓扑结构的多端直流系统，运行控制方式灵活多变，是实现风电场（尤其是海上风电场）与电网或用户连接的理想输电方式。

（5）对环境友好，VSC - HVDC 输电系统产生的低频电场和磁场远小于国际公认的容许值，换流装置产生的无线电干扰水平基本上小于相关国标现有限值规定，通过相关措施能基本滤除传导进入交、直流输电线的高频电流谐波，抑制它们产生的高频电磁干扰。

2. 缺点

同时 VSC - HVDC 输电技术也存在以下缺点：

（1）技术性约束。VSC - HVDC 输电的容量较小，换流器的损耗比 LCC - HVDC 换流器的损耗高。现已投运的 VSC - HVDC 输电工程最大容量为 200kV/400MW。在建或规划的欧洲的 HelWin 1 工程容量为 250kV/576MW，BorWin 2 工程容量为 300kV/800MW，DolWin 1 工程容量为 320kV/800MW。我国容量最大的 VSC - HVDC 输电工程为厦门的 320kV/1000MW 跨海 VSC - HVDC 输电重大科技示范工程。这些在建项目说明 VSC - HVDC 输电的容量有进一步提高的空间。

（2）经济性约束。VSC - HVDC 输电与 HVAC 输电的等价距离亦主要取决于换流站的造价，目前国产 200MVA 的采用 VSC 的 STATCOM 已经在广东投产（200MVA 的 STATCOM 投资约 8000 万元），更大容量的 STATCOM 正在研制中，价格大概为 400 元

/kVA 以内。考虑 VSC - HVDC 换流站设备成功国产化，且考虑交流系统变电站的投资，则 VSC - HVDC 输电与 HVAC 输电的等价距离大为降低。对 220kV 电压等级输送 500MW 电能情况下交流与直流输电方式的投资成本进行比较，两输送方式下的平衡距离可降到 20km 左右。

进一步对比 LCC - HVDC 与 VSC - HVDC，从工程经济特点来说，VSC - HVDC 输电设备比较少（主要是滤波器容量小，甚至可以没有），比 LCC - HVDC 换流站占地面积小（目前同等容量可以小 40%），建造海上平台费用较小。

本 章 小 结

本章介绍了 HVAC 输电方式、LCC - HVDC 输电方式和 VSC - HVDC 输电方式三种主要的海上风电送出方式，分别介绍了其不同的运行原理，并针对每一种输电方式作出了技术性分析和经济性分析。

对以上三种输电方案进行综合比较分析，从而得出三种输电方式的优缺点、相应的工程适用范围，并给出推荐建设方案，具体如下：

（1）三种输电方式的技术分析比较。三种并网输送方式的技术分析比较具体见表 4 - 1。

表 4 - 1 海上风电场输电方式比较

功能	HVAC	LCC - HVDC	VSC - HVDC
最大传输容量（目前）/MW	0～800	超过 1200	350～1000
输送距离/km	100	无限制	无限制
有功无功控制能力	无	无	有
并网要求	同步网	非同步	非同步
功率反转	快	有限	快
损耗	低	中等	高（2%～3%）
环境影响	高	低	低
黑启动能力	有	无	有
故障水平	较低	较低	较高

LCC - HVDC 输电和 VSC - HVDC 输电进一步对比见表 4 - 2。

表 4 - 2 LCC - HVDC 输电和 VSC - HVDC 输电关键技术参数对比

技 术 参 数	LCC - HVDC	VSC - HVDC
换相技术	晶闸管，电网换相	IGBT，自换相
有功范围	0.1～1	0～1
无功需要	通常需要 50% 有功容量的无功补偿	不需要
无功控制	不连续控制	连续控制
有功无功独立性	不能	可以
年检修时间	通常小于 1%	通常小于 0.5%
单个换流站满载损耗率	0.8%	1.6%
多端直流	复杂，最多 3 个	简单，没有上限

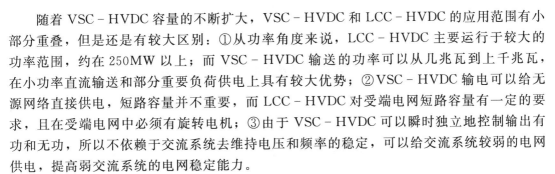

随着 VSC-HVDC 容量的不断扩大，VSC-HVDC 和 LCC-HVDC 的应用范围有小部分重叠，但是还是有较大区别：①从功率角度来说，LCC-HVDC 主要运行于较大的功率范围，约在 250MW 以上；而 VSC-HVDC 输送的功率可以从几兆瓦到上千兆瓦，在小功率直流输送和部分重要负荷供电上具有较大优势；②VSC-HVDC 输电可以给无源网络直接供电，短路容量并不重要，而 LCC-HVDC 对受端电网短路容量有一定的要求，且在受端电网中必须有旋转电机；③由于 VSC-HVDC 可以瞬时独立地控制输出有功和无功，所以不依赖于交流系统去维持电压和频率的稳定，可以给交流系统较弱的电网供电，提高弱交流系统的电网稳定能力。

（2）VSC-HVDC 输电的技术优势及适用范围。综合以上分析，VSC-HVDC 输电在技术上有明显的优势，但考虑到换流站的建设成本，在经济性方面也是有一定的适用范围的，分析如下：

1）在传输容量方面，LCC-HVDC 输电方式可传输容量最大，其次是 VSC-HVDC 输电方式，但目前受电力电子器件制造和理论技术水平，传输容量与 HVAC 输电方式相差不大。目前在运行的 VSC-HVDC 输电工程实例主要为规模较小的风电场接入，大容量 VSC-HVDC 输电的工程仍在开发研究阶段。

2）在充电功率方面，交流电缆模型除了电阻外，还含有电感和电容，使得采用交流电缆输送的技术问题之一是充电电流较大，无功补偿问题严重，制约其传输容量。而在 HVDC 输电中，由于电压波动很小，基本上没有电容电流加在电缆上。

3）在支持电网稳定性的方面，VSC-HVDC 的 VSC 可以吸收和产生感性无功，动态补偿交流母线的无功功率，稳定交流母线电压，即故障时 VSC-HVDC 输电系统对故障区域既可提供有功功率的紧急支援，又可提供无功功率的紧急支援，从而提高系统电压和功角稳定性。

4）相比于 HVAC 输电方式和 LCC-HVDC 输电方式，VSC-HVDC 输电方式在黑启动能力、事故情况下与电网解耦等方面有一定的优越性。VSC-HVDC 输电方式建设难度较小，但换流站建设费用较高，输电容量及送电距离达到一定规模时可体现出经济上的优越性。

（3）推荐建设方案。海上风电送出采用交流、直流输电方式各有优缺点，使用范围各有不同，推荐建设方案如下：

1）HVAC 输电方式结构简单、成本低，但是传输距离和容量受限，适合中小容量的电力输送。一般风电场额定容量在不超过 800MW，且离岸距离在 100km 之内，可考虑采用 HVAC 输电方案。

2）VSC-HVDC 受目前大功率 IGBT 发展水平和换流站成本较高的限制，输送能力相对较小，适合于较大型风电场电网接入系统。当额定容量在 350～1000MW，离岸距离相对较远时，采用 VSC-HVDC 输电系统并网比较合适。随着设备国产化和技术的进一步发展，最大输送容量有进一步提升的空间。

3）LCC-HVDC 输电方式理论上不受传输距离和输送容量的限制，目前受直流电缆输电能力影响，最大输电能力约为 1200MW，随着大截面在电缆技术的发展还可以达到更高的输电能力。考虑到换流站成本等因素，一般用于特大型风电场接入系统。

具体输电方案需结合实际工程进行详细的技术经济比较后合理选用。

第 5 章　海上风电送出系统设计

海上风电送出系统设计主要包含系统方案设计、变电站及换流站设计、海底电缆线路设计等几个方面的内容。

系统方案设计主要从送出方式、接入电网电压、风电场及送出设备的技术参数要求等方面，给出海上风电送出的整体方案，为后续的变电站、换流站和海底电缆线路的设计提供依据。

变电站和换流站是海上风电送出的枢纽，尤其是海上变电站、换流站的设计与常规陆上站存在一定差异。海上变电站、换流站的设计包括了主接线方案、主要电气设备选择、控制保护、防雷及结构等方面内容。

海底电缆线路是海上风电送出的主要通道，其设计主要包括了海底电缆线路路由选择、海底电缆选型、接地方式选择和敷设与保护等方面的内容。

5.1　系　统　方　案　设　计

风电场接入系统设计方案需与区域电网发展规划相一致，满足风电接入电网技术规定的要求。风电场内设备的技术参数应满足 GB/T 19963—2011。风电场并网后，必须满足电网各种运行方式的要求。

5.1.1　技术参数要求

（1）低电压穿越方面。风电机组具有在并网点电压跌落至 20％额定电压时能够维持并网运行 625ms 的低电压穿越能力；若风电场并网点电压在发生跌落后 2s 内能够恢复到额定电压的 90％，风电机组应具有不间断并网运行的能力。

（2）运行电压方面。风电场并网点电压正、负偏差绝对值之和不超过标称电压的 10％，正常运行方式下，其电压偏差应在标称电压的 -3％～+7％范围内。

（3）无功功率方面。

1）当风电机组运行在不同的输出功率时，风电机组的可控功率因数变化范围应在 -0.95～+0.95 之间。

2）风电场无功功率的调节范围和响应速度，应满足风电场并网点电压调节的要求。原则上风电场升压变电站高压侧功率因数按 1.0 配置，运行过程中可按 -0.98～+0.98 控制。

（4）有功功率方面。在特定情况下（电网故障、调频能力不足等），风电场能根据电网调度部门指令控制其有功功率输出。

5.1.2 电压选择

根据海上风电场装机规模，实际最大送出电力，确定电厂的消纳方向；并结合实际输送距离决定接入 110kV 及以下配网或是 220kV 及以上主网。

（1）推荐海上风电场总规模在 200～300MW 及以下时，接入 110kV 及以下电压等级交流电网。

（2）推荐海上风电场总规模在 300～600MW 时，接入 220kV 及以下电压等级交流电网。

（3）推荐海上风电场总规模超过 600MW 时，接入 500kV 及以上电压等级交流电网。

5.1.3 海上风电送出方式选择

海上风电送出方式设计主要考虑输送容量和距离、经济性和可靠性以及环境等因素，HVAC 输电方式传输距离和容量受限，适合小容量、近距离的海上风电场并网；LCC－HVDC 输电方式不受传输距离的限制，风电场的频率可以大范围变化，但换流站成本较高，一般用于特大型海上风电场并网；VSC－HVDC 输电方式的优点最多，非常适合于海上风力发电场与岸上电网的并网连接，但受大功率 IGBT 发展水平的限制，VSC－HVDC 输电系统的最大传输容量目前只能达到 1000MW 左右，因此比较适合于中大型海上风电场的并网。

结合目前工程造价情况，推荐海上风电场送出方案如下：

（1）海上风电场规模越大，输电距离越长，HVAC 方案技术经济优势越小。一般风电场额定容量为 400～800MW，离岸距离不超过 50～100km，可考虑采用 HVAC 输电方案；参考工程实际建设条件和运行维护等因素，建议离岸距离在 50km 以内的海上风电场采用 HVAV 输电方案。

（2）当海上风电场离岸距离 50km 以上时，推荐采用 HVDC 方案送出。当有多个风电场且建设总规模不超过 1000MW 左右时，推荐采用 VSC－HVDC 输电方式送出；更大容量的风电场则推荐采用 LCC－HVDC 输电方式。

具体输电方案需结合实际工程进行详细的技术经济比较后合理选用。

5.1.4 海上风电送出系统参数设计

5.1.4.1 导线截面及出线回路数选取

导线截面选择的原则：导线长期容许电流应满足持续工作电流的要求；电缆的长期容许电流是选择电缆截面的依据，如果电缆的长期容许电流不小于电缆的长期工作电流，则所选电缆截面满足系统输送容量的要求。

出线回路数要求：送出线路输送容量需满足风电满发的需要，结合近区电网运行的要求，明确送出线路是否需要满足"N－1"原则。

典型的电缆导线截面型号（截面积，mm²）有 400、500、630、800、1000、1200、1400、1600、2500 等。

5.1.4.2　海上升压变压器要求

（1）容量。参考风电场有效容量选择，兼顾风电场规划容量和分期规模。

交流升压变压器设计方案为：220kV 可考虑但不限于选用 180MVA、240MVA；500kV 可考虑但不限于选用 750MVA、1000MVA。

直流换流变压器设计方案为：换流变压器的作用是向换流器供给交流功率或从换流器接受交流功率，并且将电网侧交流电压变换成换流阀侧所需要的电压。其总变电容量需不小于风电场有效容量。

（2）型式。升压变压器应采用有载调压变压器。

（3）接线形式。风电场升压站主接线方案可考虑单元接线和单母线接线等形式，具体可根据需要灵活选取。

5.1.4.3　无功补偿

无功补偿的总体要求：无功配置需满足 GB/T 19963—2011 的规定，即风电场要充分利用风电机组的无功容量及其调节能力；当风电机组的无功容量不能满足系统电压调节需要时，应在风电场集中加装适当容量的无功补偿装置，必要时加装动态无功补偿装置。

风电场无功补偿装置可考虑安装在海上变电站和陆上变电站。海上风电场感性无功补偿可考虑采用高抗、抵抗补偿；容性无功补偿可考虑采用动态无功补偿或者电容补偿。

根据电力系统无功功率分电压层和分供电区补偿原则，需要考虑配置一定容量的感性补偿装置吸收海底电缆的充电功率，同时应配置一定容量动态无功补偿以便于风电场侧电压调节和功率因数调整。

5.1.4.4　送出线路高抗配置方案

对交流送出方案而言，交流海底电缆产生的充电功率应通过装设并联电抗器予以补偿，以保证海底电缆的无功平衡，尽量减少通过线路传输的无功功率。与常规工程计算类似，高抗配置方案需结合电磁暂态等计算研究得出。

5.1.4.5　直流输送方式其他参数要求

（1）额定功率：不小于风电场有效容量。

（2）额定电压：结合经验选取。

（3）额定电流：额定功率/（额定电压×回路数）。

目前可参考的直流送出设计方案，电压等级按±200kV、±320kV 考虑，输送容量按600～1000MW 考虑。

5.1.5　对开关设备的要求

开关设备满足相应接入电网电压等级开关短路电流要求。具体可参考以下参数灵活选择：

（1）35kV 接入电网的短路电流水平可按 31.5kA 或 40kA 控制。

（2）220kV 接入电网的短路电流水平可按 40kA 或 50kA 选择。

（3）500kV 接入电网的短路电流水平可按 50kA 或 63kA 选择。

5.2 变电站及换流站设计

根据海上风电送出系统输电方式的差异,升压站可分为基于 HVAC 输电方式的变电站和基于 HVDC 输电方式的换流站。由于海上风电送出系统的特殊性,送出侧的变电站和换流站主要建设于海上或近海的岛屿,与海上风机连接;而接受侧的变电站和换流站则主要建设于陆地上,与电网侧进行连接。考虑海上风电送出系统的陆上变电站和换流站与常规陆上风电的建设要求基本相同,且相关建设规范较为完善,可参考的实际工程案例相对较多,本节重点针对海上变电站和换流站的设计进行阐述。

5.2.1 海上变电站设计

海上变电站设计主要包括电气设计、结构设计以及暖通、消防、水处理等方面。海上变电站设计工作是一个综合性的设计及工程管理流程。

2002 年投产的装机容量为 160MW 的丹麦 Horns Rev 风电场出现了全世界第一座海上变电站,主要技术参数及设备大致如下:

(1) 变电站面积 $560m^2$ ($20m\times28m$),离海面高度 14m。

(2) 36kV 及 150kV 开关设备,36/150kV 变压器 1 台。

(3) 测量、控制、通信系统。

(4) 应急柴油发电机(包括 100t 柴油储备)。

(5) 防火灭火系统(以海水为水源)。

Horns Rev 风电场海上变电站的设计、建设、运营为以后的海上风电场项目提供了宝贵的信息及经验,具有非常深远的指导意义。至今,世界上大多数已建成或正在规划的大型海上风电场均包括海上变电站,一些具体案例见表 5-1。

表 5-1　海上风电场变电站案例

国家	风电场名称	容量 /MW	变电站数量/单个变电站内变压器数量	升压比	离岸距离 /km	项目状态
丹麦	Horns Rev	160	1/1	36/150	14	已建成
	Nysted	165	1/1	33/132	15	已建成
英国	Barrow	90	1/1	33/132	27	已建成
荷兰	Q7	120	1/1	22/150	23	已建成
瑞典	Lillgrund	110	1/1	36/145	27	已建成
英国	Sheringham Shoal	315	2/2	33/132	20	建设中
	Greater Gabbard	500	2/(2+3)	33/132	32	建设中
	London Array	630	2/4	33/132	27	建设中
	Gwynt Y Môr	576	2/4	33/132	13	建设中
德国	Borkum West Ⅱ	200	1/1	33/320	65	前期规划

从表 5-1 可以看出，已建成投运的海上风电场容量基本都在 200MW 以内，且其变电站电气设计都倾向于采用最简单的结构：风电场内只设置 1 个变电站，变电站内也只设置 1 台变压器，没有备用设备。此种方案一般为单元接线形式或扩大单元接线形式，主要考虑项目前期安装建设的经济性，而不是运行中的电气可靠性。

表 5-1 也显示，处于建设阶段的几个海上风电场，规模、容量都更为庞大，均超过 300MW 水平，相当于一个大中型火力发电机组的容量。在这些风电场的规划设计中，开始出现变电站内设备的冗余设计，采用两台或两台以上变压器，或设置两个变电站。这样的方案明显更注重电气接线的优化设计和可靠性，而不再仅仅从经济角度进行规划设计。

5.2.1.1　电气主接线方案

由于发电机和电力变流设备的限制，目前国内外主流风电机组出线电压多为 690V，若直接汇总并接入风电场的变电站，则电能损耗过大，且导体的截面过大，无法满足安装要求。虽然目前大功率海上风机的出口电压有的已达到 3kV，但也是需将电压升高至 35kV 或更高电压才接入海上变电站。从年运行费用上比较，在经济输送容量的范围内，35kV 方案线损和投入较小，且维护工作较少。因此，现国内风电机组升压多采用 35kV 方案（欧洲普遍采用 20kV、34.5kV 和 66kV）。国外有少数分布式设置风电机组的实验，不考虑主变压器和汇集送出通道，将风电机组输出直接升压至 110kV 并网，这会导致风电机组的频繁离并网，使得风电机组的总发电量降低，对主电网电能质量影响大。

海上变电站电气主接线形式的选择，首先需从风电场总的装机容量、主变压器台数、电压等级、出线回路数考虑，为保证电气主接线的可靠性、经济性及灵活性，海上变电站电气主接线方案可选变压器—线路单元出线、单母线接线或单母线分段接线形式。

（1）变压器—线路单元接线的优点是接线简单、设备最少、不需要高压配电装置，节省海上变电站平台的空间，适用于单台或两台主变压器规模的工程；缺点是电气可靠性不足，当接线中的任一电气设备故障或检修时，则电能无法正常输送。

（2）单母线接线的优点是接线简单、清晰、设备少、操作方便、投资省，便于扩建和采用成套配电装置；缺点是不够灵活可靠，母线或母线隔离开关故障或检修时，均可造成整个配电装置停电，需要高压配电装置，适用于单台主变压器规模的工程。

（3）单母线分段接线的优点是当一段母线发生故障时，分段断路器自动将故障切除，保障正常段母线不间断运行；缺点是当一段母线隔离开关故障或检修时，该段母线的回路都要在此期间停电，扩建时需向两个方向均衡扩建。此接线方式增加一个分段断路器间隔，适用于单台或两台主变压器规模的工程。

海上风电场变电站实质上为终端变电站，当能满足风电机组启动、电能送出和继电保护要求时，宜采用断路器较少的分支接线，使得接线简单清晰、设备少、投资省，运行操作简单和便于扩建，见表 5-2 所示。

表 5-2　海上变电站电气主接线形式选择

送出海底电缆回数	主变压器台数	
	单台	两台
单回	变压器—线路单元接线	单母线接线
双回	单母线接线	变压器—线路单元接线 单母线分段接线

单台、两台主要方案典型接线如图 5-1、图 5-2 所示。

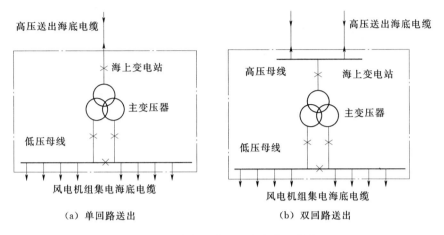

（a）单回路送出　　　　　　　　　（b）双回路送出

图 5-1　单台主变压器方案典型接线

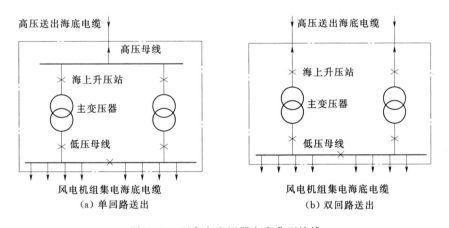

（a）单回路送出　　　　　　　　　（b）双回路送出

图 5-2　两台主变压器方案典型接线

根据国际工程经验，对于 100~400MW 容量范围内的海上风电场，一般在场内设置 1 个海上变电站，站内设置 1~2 台主变压器；容量超过 400MW 的，一般需设置 1 个以上海上变电站，以控制单个变电站的接入容量、设备数量、平台面积和重量。

5.2.1.2　主要电气设备选择

海上变电站平台处于海洋环境，站内电气设备除了需要满足国标及电力行业通用的各项标准外，还需满足潮湿、高腐蚀性环境对设备提出的特殊要求。由于海上变电站为电力行业中的新兴领域，至今无完整标准可供参照执行，所以一般可参考石油、船舶行业标准，借鉴石油生产平台、船舶用电气设备的特殊要求。

1. 主变压器

（1）相数的选择。根据海上风电场的一般规模和容量，海上变电站主变压器宜选用三相变压器。

（2）调压方式的选择。由于风电场发电受风速的影响较大，故出力范围变化较大，一般宜采用有载调压变压器。

（3）冷却方式的选择。由于变压器位于海上，可维护性较差，为提高变压器的工作的可靠性，尽量采用自然风冷却方式的变压器。当采用大容量变压器，自然风冷却不能满足冷却要求时，可采用强迫油循环风冷却方式。

（4）主变压器进出线连接方式的选择。海上变电站平台处于海上风电场中，设备所处环境湿度高，空气含盐度高，在电气设备选择上需考虑这些不利因素，主变压器进出线宜为封闭安装，无外部裸露带电部分。另外海上变电站平台受海浪不断的冲刷影响会产生微振动，故接头部分宜采用软连接方式，避免长期振动引起的固件松动。

（5）变压器主要部件防腐要求。根据 GB 29484—2013《船舶电气设备　第 503 部分：专辑　电压 1kV 以上至不大于 15kV 的交流供电系统》（IEC 60092—503—2007《船舶电气设施　第 503 部分：特项　电压 1kV 以上至不大于 11kV 的交流供电系统》），放置在室内的变压器本体、散热器、中性点装置的防护等级，至少需达到 IP23，如设备户外放置，防护等级至少需达到 IP54，并必须配备空间加热装置以防止设备受潮和冷凝。

根据 SY/T 10010—2012《非分类区域和Ⅰ级 1 类及 2 类区域的固定及浮式海上石油设施的电气系统设计与安装推荐作法》（海上生产平台电气系统的设计与安装的推荐作法 APT PR 14F），对于海洋用途，建议设备外壳选用耐腐蚀的材料制造，最好选用 316 号不锈钢制成的外壳金属构件。

主变压器本体置于室内。为了改善散热效果，散热器可脱离主变压器本体，单独置于平台室外，散热器与主变压器本体之间通过热管连接，此时需要散热器表面加强防腐措施。

2．GIS

海上变电站位于海上，GIS 具有占地面积小、电气绝缘不受外界环境影响、维护工作量少、检修周期长以及运行可靠性高的特点，特别适用于湿度高、盐雾重、受台风影响的海洋环境。

GIS 设备根据主接线方案进行配置，进行选择配置的主要电气参数包括以下方面：

（1）额定电压：根据主接线方案电压等级进行配置。

（2）额定电流：根据各回路所设计传输容量进行配置。

（3）额定开断电流：根据短路电流计算进行配置选择。

3．无功补偿装置

目前，风电场运营商一般通过使用机械投入、退出电容器或电抗器来调整并网点电压，由于连续频繁动作，这种常规方法对于依靠风能决定出力的风电技术而言，可操作性较差。主要有两个原因：首先，风力发电机是感应式旋转设备，运转时需要从电网吸收大量的无功功率，且因为风电的间歇性、波动性，无功功率的需求同样会频繁波动，为了将电压维持在标准限定范围内，无功补偿设备就会频繁性地动作；其次，电容器组、电抗器组能切入（切出）的无功是不变的，而且电容器、电抗器一旦断开，必须等待数分钟放电才能再次充电。因此，要想在任意时间内都维持最佳数量的无功补偿，仅仅依靠电容器和电抗器很难做到。

为了达到控制电压的目的，选择电容器组是一种初投入成本最低的办法，然而对于风电场而言，仅用电容器组补偿，效果仍不能令人满意。尤其是在电网薄弱地区，有缺陷的系统会影响到风电场的功率输出，若风电场被迫脱网，将减少风电收入。从长远角度看，应对电网相关情况进行认真分析后，正确设计无功补偿系统。

海上变电站设备除了受海洋环境限制外，还对安装的空间有很严格的要求。一般来说，对于电抗器、电容器等无功补偿装置，在大功率化的前提下，需尽量减小体积。基于以上的考虑，在海上风电场的无功补偿装置一般选取 SVG。该装置产生无功和滤除谐波是靠其内部电子开关频繁动作产生无功电流来实现的，其体积相对较小，能够满足海上风电场对设备空间的要求。

海上风电场中，无功功率源主要为高压海底电缆和集电线路海底电缆，无功消耗的主要设备为变压器，应考虑对其进行无功补偿。

高压海底电缆发出的无功为

$$Q_{高压海底电缆} = \omega C U_1$$

集电线路海底电缆发出的无功为

$$Q_{集电线路海底电缆} = \omega C U_2$$

式中　C——海底电缆电容值；

　　　U_1——高压海底电缆额定电压；

　　　U_2——集电系统额定电压。

变压器无功功率损耗包括两部分：①变压器的激磁无功功率 ΔQ_0，它仅与电网电压有关；②变压器绕组电抗上消耗的无功功率 ΔQ_{LT}，它与负荷电流的大小直接有关。

$$\Delta Q_0 = \frac{I_0\%}{100} S_N$$

$$\Delta Q_{LT} \approx \frac{U_k\%}{100} \beta^2 S_N$$

因此，变压器总的无功功率损耗为

$$\Delta Q_T = \Delta Q_0 + \Delta Q_{LT} \approx \frac{I_0\%}{100} S_N + \frac{U_k\%}{100} \beta^2 S_N \approx \frac{S_N}{100}(I_0\% + U_k\%\beta^2)$$

式中　$I_0\%$——变压器空载电流占额定电流的百分值；

　$U_k\%$、S_N——变压器铭牌上给定的短路电压和额定容量；

　　　β——变压器负荷率。

在满载和空载运行方式下，无功补偿量分别为

空载时　　$Q_{最小运行方式} = Q_{高压海底电缆} + Q_{集电线路海底电缆} - Q_{变压器空载}$

满载时　　$Q_{最大运行方式} = Q_{高压海底电缆} + Q_{集电线路海底电缆} - Q_{变压器满载}$

动态无功补偿装置的调节范围应根据 $Q_{最小运行方式}$ 和 $Q_{最大运行方式}$ 来选取。

4. 中、低压配电装置

中、低压配电装置设备根据电气主接线方案进行配置，其主要电气参数包括：

（1）额定电压：根据主接线方案电压等级进行配置。

（2）额定电流：根据各回路所设计传输容量进行配置。

（3）额定开断电流：根据短路电流计算进行配置选择。

根据 GB 29484—2013《船舶电气设备　第 503 部分：专辑　电压 1kV 以上至不大于 15kV 的交流供电系统》（IEC 60092—503—2007《船舶电气设施　第 503 部分：特项　电压 1kV 以上至不大于 11kV 的交流供电系统》），中压、低压配电装置必须放置在室内，

防护等级至少需达到 IP32。开关柜前、柜后（如需要）的维护通道宽度至少需达到 1m，柜门打开或抽屉柜处于抽出状态时，设备不得阻挡维护通道。

配电装置必须配备空间加热装置以防止设备受潮和冷凝。

根据 SY/T 10010—2012《非分类区域和Ⅰ级 1 类及 2 类区域的固定及浮式海上石油设施的电气系统设计与安装推荐作法》（APT PR 14F），对于海洋用途，建议装置外壳选用耐腐蚀的材料制造，最好选用 316 号不锈钢制成的外壳金属构件。

5. 旋转电机设备

海上变电站平台上的旋转电机设备包括柴油发电机（应急电源、站用电源）、各类电泵等，根据各旋转电机设备所需功率及对应电压等级选择其额定功率、额定电压。

根据 GB 29484—2013《船舶电气设备　第 503 部分：专辑　电压 1kV 以上至不大于 15kV 的交流供电系统》（IEC 60092—503—2007《船舶电气设施　第 503 部分：特项　电压 1kV 以上至不大于 11kV 的交流供电系统》），旋转电机及其中性点设备防护等级至少需达到 IP4X，并必须配备空间加热装置以防止设备受潮和冷凝。

根据 SY/T 10010—2012《非分类区域和Ⅰ级 1 类及 2 类区域的固定及浮式海上石油设施的电气系统设计与安装推荐作法》（APT PR 14F），户内使用的开式或防滴式电机一般能够满足使用环境要求。然而在海上平台上户外使用时，由于全封闭电动机的绝缘不长期暴露于外界环境中，所以全封闭电动机一般优于开式电动机。为了改善耐腐蚀性，推荐全封闭电动机，而不用标准型电动机。全封闭电动机通常配备全部铸造金属件、不腐蚀和无火花的冷却风扇、防腐蚀硬件、不锈钢铭牌。对于较大型的电动机，推荐具有密封绝缘系统的Ⅱ型防风雨的全封闭风冷（TEFC）、全封闭水—空气冷却（TEWAC）或全封闭空气—空气冷却（TEAAC）电动机。

6. 照明

（1）分类。海上变电站照明系统分正常工作照明和事故照明两部分。

1）正常工作照明。其电源由站用交流电供给，按一般照明进行设置，个别地方设局部照明。灯具按工业标准选择，力求简洁大方。值班控制室采用嵌入式荧光灯组成的带状栅格照明。

2）事故照明。配电室、控制室、低压配电装置等重要场所除设置正常工作照明外，还设置事故照明。事故照明电源由站用配电屏内交、直流切换装置供给。此外，在楼梯及走廊等处设置一定数量的应急灯和指示灯，应急时间 60min，作为事故情况下人员疏散之用。灯具的设置位置及安装高度以满足照度要求和便于维修管理为原则。

（2）特殊因素。海上平台照明系统设计时需要考虑以下特殊因素：

1）理想的照明灯具的特点，包括采用耐腐蚀材料和耐高湿度的电容器。

2）希望在吊挂灯具上使用柔性减振吊架或柔性的安装支架，以减少振动。

3）所有的灯具应该有机械防护，或避开移动物体通道处安装。通常应为吊挂型灯具和吸顶型灯具提供灯罩，对室外灯具推荐使用防护罩。

4）平台上的跷板开关、插座需要采用防潮、耐腐蚀设备。

5.2.1.3　海上变电站布置

以三层的 220kV 海上变电站为例进行典型的海上变电站布置介绍，如图 5 - 3

所示。

该海上变电站一层为甲板层，底部高层位于极端高潮位下最大波高时波峰以上，布置救生设备库、工具间及备品库、应急柴油机房、消防水泵房、暖通机房等房间和一个半固定移动式卫生间。靠近甲板边缘处布置有救生设备，主变压器下方布置有事故油罐。同时一层也作为电缆层，35kV 和 220kV 海底电缆通过 J 型管穿过本层甲板，各种电缆通过电缆桥架敷设，根据设备高度要求及甲板层作为结构转换层的要求，取层高为 6.5m。

二层中间布置主变压器，两台主变压器分两个房间布置，主变压器散热装置和本体分开布置，散热器布置在主变压器室两侧外挑平台上；主变压器一侧布置40.5kV 开关室和接地变压器室，其中开关

图 5-3　某 220kV 海上变电站

室内布置开关柜，接地变压器室内布置有 4 组场用电兼接地变压器和 4 组电阻柜；主变压器另一侧布置 GIS 室、继保室、通信机房、蓄电池室、低压配电室和应急控制室，其中应急控制室内布置火灾报警控制器、导航盘、应急配电盘及控制台等。本层层高由 GIS 设备确定，取 6.5m。

三层中间为主变压器区域，同时两侧放置 4 套集装箱式 SVG。

根据 FD 002—2007《风电场工程等级划分及设计安全标准》第 5.0.3 条规定，按照海上变电站建筑物结构破坏可能产生的后果的严重性划分，海上风电场海上变电站主要建筑物级别为 1 级。

5.2.1.4　绝缘配合及过电压保护

海上变电站过电压保护和绝缘配合充分考虑海上风电场长海底电缆送电的特点，遵照 IEC 60071《绝缘配合》系列标准和 GB/T 50064—2014《交流电气装置的过电压保护和绝缘配合设计规范》等国内外规范规定的绝缘配合原则进行设计，再结合海上风电场长海底电缆送电的特点，配置适当的过电压保护装置，选择过电压水平、设备绝缘水平和保护装置特性参数之间的绝缘配合裕度满足规范的要求。

1. 设备绝缘配合

GB 311.1—2012《绝缘配合　第 1 部分：定义、原则和规范》规定了额定冲击耐受电压标准值（峰值，kV）分别为 20、40、60、75、95、125、145、170、185、200、250、325、380、450、550、650、750、850、950、1050、1175、1300、1425、1550、1675、1800、1950、2100、2250、2400、2550、2700、2900、3100。交流 220kV 和交流 110kV 设备绝缘水平及保护水平配合系数见表 5-3、表 5-4。

表 5-3　220kV 电气设备的绝缘水平及保护水平配合系数

设备名称	设备的耐受电压值/kV					雷电冲击保护水平配合系数	
	雷电冲击耐压（峰值）			1min 工频耐压（有效值）			
	全波		截波				
	内绝缘	外绝缘		内绝缘	外绝缘	实际	截波
连接变压器一次侧	950	950	1050	395	395	950/532 =1.79	1050/594 =1.77
其他电气设备	950	950	1050*	395	395		
断路器断口间	950	950		395	395		
隔离开关断口间		1050		395			

* 其他电气设备中仅电流互感器承受截波耐压试验。

表 5-4　110kV 电气设备的绝缘水平及保护水平配合系数

设备名称	设备的耐受电压值/kV					雷电冲击保护水平配合系数	
	雷电冲击耐压（峰值）			1min 工频耐压（有效值）			
	全波		截波				
	内绝缘	外绝缘		内绝缘	外绝缘	实际	截波
连接变压器一次侧	480	450	550	200	185	450/281= 1.60	550/315 =1.75
其他电气设备	550	550	550*	230	230		
断路器断口间	550	550		230	230		
隔离开关断口间		630		230			

* 其他电气设备中仅电流互感器承受截波耐压试验。

2. 过电压保护

（1）避雷器配置。在配电装置的适当部位配置氧化锌避雷器，以防止雷电侵入波对电气设备的损害，海上变电站在 GIS 与海底电缆连接处、中压设备进出线处均设置氧化锌避雷器，以保护站内设备。根据规范要求，各设备均在避雷器保护范围内。低压配电系统装设防浪涌保护器。低压配电屏设置Ⅰ类试验的浪涌保护器。

氧化锌避雷器按 GB 11032—2010《交流无间隙金属氧化物避雷器》及 DL/T 804—2014《交流电力系统金属氧化物避雷器使用导则》选型。

（2）工频过电压。通过工频过电压计算对电缆线路导致的工频过电压进行校核，分为正常工况、故障情况和操作过电压情况。

1）正常工况工频过电压计算。正常工况的工频过电压，由容性充电电流流过线路的串联电感导致费兰梯效应引起。

2）故障情况工频过电压计算。单相接地、带故障三相断开引起的工频过电压要比无故障三相断开引起的工频过电压严重。因此重点分析单相接地、三相断开引起的工频过电压，具体应选取长度较长、充电功率较大的高压海底电缆进行不对称短路工频过电压分析。

（3）操作过电压计算。根据 GB/T 50064—2014《交流电气装置的过电压保护和绝缘配合设计规范》，高压和中压（35kV）系统，相对地操作电压不应大于 3.0p.u.。通过计算合空线操作过电压计算，校验具体操作过电压（相对地）数值，并采取相应限制措施。

5.2.1.5 二次系统方案

海上变电站具有无人值守、离岸距离远、运行环境恶劣、检修维护不便、发生故障经济损失大、布局紧凑等特点，因此海上变电站二次系统设计相对于传统陆上变电站具有一定的不同，主要体现在以下几个方面：

（1）设备布置更紧凑。海上变电站空间有限，设备的布置应综合考虑规程规范要求和工程实际情况。

（2）设备抗盐雾能力要求高。海上变电站所处自然环境恶劣，尽管设备布置在房间内，但仍应在设计阶段充分考虑设备防盐防腐的要求。

（3）设备防潮能力要求高。根据相关规范，各类电气设备均需配置空间加热装置或采用防护等级高的设备，以防止高度潮湿环境对设备造成的影响。

（4）监控系统功能更完备。配置了完善的计算机监控系统、视频监控及安全警卫系统、电气设备状态监测系统，确保在远方能够实现主要电气设备的集中监控，并在故障发生极早期得到及时的预警预报。

（5）远动和通信设备的可靠性更高。远动装置和通信设备双重化配置，设置无线通信设备作为海底电缆光纤通信的备用。

（6）火灾自动报警要求更高。采用灵敏度更高的火灾探测器，用于火灾极早期的报警，并设置多级报警联动逻辑，以避免自动灭火系统的误动。

（7）直流系统和 UPS 系统后备时间更长、可靠性要求更高。直流系统和 UPS 系统后备时间按 4h 考虑，充分考虑设备冗余，确保事故期间监控、通信及火灾报警设备处于正常工作状态。

1. 计算机监控系统

海上变电站计算机监控系统按照"无人值班，无人值守"原则设计，实现对变电站内主变压器、各电压等级配电装置、无功补偿设备、站用变压器及公共设备等的集中监视与控制，采集到的电气设备信息上传至陆上变电站集控室，并接受陆上变电站集控室指令，实现远方对站内电气设备的控制和调节。

（1）系统设备配置。计算机监控系统采用分层、分布、开放式网络结构，主要由站控层设备、间隔层设备和网络设备等构成。

1）站控层设备主要包括主机兼操作员工作站、远动工作站（按需）、五防系统、时间同步系统等，远动通信设备冗余配置。

2）间隔层设备主要包括变电站内测控单元和智能设备等，间隔层测控单元按断路器间隔对应配置。

3）网络设备主要包括网络交换机、光/电转换器、接口设备、网络线缆及网络安全设备等。

（2）系统结构。计算机监控系统采用全开放式的分层、分布式结构。

1）设备结构：从纵向分为两层，即站控层设备和间隔层设备。

2）网络结构：采用双网结构，站控层网络与间隔层网络采用直接连接方式。站控层网络采用以太网，应具有良好的开放性。在站控层及网络失效的情况下，间隔层应能独立完成就地数据采集和控制功能。

（3）系统功能。计算机监控系统能够实现对海上变电站运行设备可靠、合理、完善地监视、测量和控制。主要功能包括：实时数据采集与处理、数据库的建立与维护、控制操作和同步检测、电压—无功自动调节、报警处理、事件顺序记录、画面生成及显示、在线计算及制表、电能量处理、远动功能、时间同步、人机联系、系统自诊断与自恢复、运行管理、与其他设备接口等。

（4）控制操作。

1）控制对象。控制对象包括各级断路器、电动隔离开关和接地开关，主变压器、站用变压器分接头等。

2）控制方式。控制方式为三级控制，按操作命令的优先等级由高至低为：就地控制、站控层控制、远方遥控。同一时间只允许一种控制方式有效。

（5）远方监控方案。海上变电站采用"无人值守"方式运行，运行人员应能在陆上变电站集控室内实现对海上变电站主要电气设备的集中监视和控制，远方监控主要有以下三种技术方案。

1）技术方案一。设置独立的海上变电站计算机监控系统，配置两套主机/操作员站，分别设置在海上变电站二次设备室和陆上变电站集控室内。设置在陆上变电站集控室内的主机/操作员站通过海底电缆复合光纤接入海上变电站计算机监控系统站控层网络，实现远方集中监控功能。

2）技术方案二。设置独立的海上变电站计算机监控系统，配置主机/操作员站和远动设备，远动设备经海底电缆复合光纤接入陆上变电站计算机监控系统，陆上变电站计算机监控系统提供海上变电站主要电气设备的监控功能，由其实现海上变电站的远方监控功能。

3）技术方案三。设置一套海上风电场一体化计算机监控系统，实现对海上变电站、陆上变电站及海上风电机组的综合监控，海上变电站内设置具有就地监控功能的工作站和远方测控通信单元，远方测控通信单元经海底电缆复合光纤接入位于陆上变电站集控室的海上风电场计算机监控系统站控层网络，实现对海上变电站的远方监控功能。

上述三种技术方案比选见表5-5。

表5-5　技 术 方 案 比 选

技术方案	比　较　项　目			
	运行人员操作	技术先进性	技术成熟度	设备投资
一	监控后台繁多，运行维护不便	监控后台和通信设备繁多	技术成熟可靠	最高
二	统一监控后台，运行维护简单	结构简单、技术较先进	技术较成熟可靠	一般
三	统一监控后台，运行维护简单	结构简单、技术先进	国内尚无实施案例	一般

综上所述，三种技术方案推荐顺序为，技术方案三优于技术方案二，优于技术方案一，其中技术方案三将海上变电站、陆上变电站及海上风电机组作为一个整体，统一考虑

监控系统的功能设计及设备配置,具有网络结构简单、数据全面共享、后台设备配置合理等技术优点,但国内尚无工程实施案例,技术可靠性有待工程验证。

(6)通信方案。海上变电站计算机监控系统需要与位于陆上变电站集控室的后台设备进行通信。由于海上变电站采用"无人值守"设计,通信设备应保证高可靠性。

采用海底电缆内复合光纤作为通信介质,各选用两芯光纤作为传输通道,一主一备。

为保证海底电缆故障时,仍能对海上变电站进行远方监控,考虑设置一套无线通信设备,作为后备通信方式,海上变电站设置放射点,陆上变电站内设置接收端。

2. 继电保护与安全自动装置

继电保护及安全自动装置遵照 GB/T 14285—2006《继电保护和安全自动装置技术规程》和《"防止电力生产重大事故的二十五项重点要求"继电保护实施细则》的要求配置。

(1)主变压器保护按单套设计,主保护为一套微机型纵差保护和本体非电量保护;高压侧后备保护设置一套复合电压过流保护和间隙零序过流、过压保护;中压侧后备保护设置一套复合电压过流保护。每台主变压器保护一面保护屏,其中后备保护与主保护宜分箱配置。

(2)高压海底电缆线路保护配置光纤电流差动保护和后备保护,每回线路组一面保护屏。

(3)中压侧集电海底电缆线路采用微机型速断、过流保护。

(4)中压侧分段断路器设置过流保护和备自投装置。

(5)中压侧母线配置母线差动保护。

(6)中压侧无功补偿装置断路器采用微机型过压、失压保护及过流保护,并设不平衡电压保护。

(7)站用(接地)变压器采用微机型速断、过流及零序过流保护。

(8)设置一套微机故障录波装置,主要记录主变压器保护、高压海底电缆线路、中压线路及中压母线保护动作开关量,同时记录反映故障前后和系统振荡时的波形等参量。

(9)高压、中压和站用低压段分别配置备自投装置。

3. 控制电源

(1)直流系统。海上变电站设一套直流系统,用于向站内一次、二次及通信设备提供直流电源。由于海上变电站离岸距离远,事故修复时间长,全站事故停电时间按 4h 考虑。

直流系统采用双母线分段接线,每段母线各配置一组蓄电池和一套充电装置。蓄电池组容量为 500Ah,采用阀控式密封铅酸电池,组屏布置在二次设备室。

充电装置采用高频开关电源,模块按 N+1 配置。直流系统不设直流分屏,采用直流配电屏一级供电方式。充电装置屏及直流配电屏设置在二次设备间内。

(2)交流不间断电源。海上变电站设置一套交流不间断电源系统(UPS),向变电站计算机监控系统、通信设备、火灾自动报警系统等重要负荷提供交流不间断电源,选用两台逆变电源装置,冗余配置,互为备用,独立组屏。

交流不间断电源系统事故停电时间按 4h 考虑,直流电源取自海上变电站直流系统。UPS 屏布置在二次设备室内。

4. 视频监控与安全警卫系统

海上变电站距岸距离远、无人值守,安全防护和主要设备的运行监控显得尤为重要。

海上变电站设置一套视频监控与安全警卫系统,主要设备包括视频监控工作站、终端显示设备、视频编码器（DVS）、摄像机、云台、防护罩及沿海上变电站外侧设置的安全警戒系统。其中，视频监控工作站、终端显示设备为海上风电场统一配置，布置在陆上变电站内。

变电站视频监控前端设备的主要监视区域包括变电站 GIS 室、主变压器室、35kV 配电室、低压配电室、无功补偿装置室、二次设备室、柴油机室、油罐室等房间及周边环境。

变电站安全警戒系统设置主动红外对射探测器或电子围栏，沿变电站外侧进行全方位监视。

5. 火灾自动报警系统

海上变电站设置一套火灾自动报警系统，主要设备包括集中火灾报警控制器、消防联动设备、火灾探测器、声光报警装置、控制模块、信号模块、手动按钮等。

火灾探测区域应按独立房间划分，主要火灾探测区域有二次设备室、主变压器、各级电压等级配电装置室、无功补偿室、柴油机房、油罐室等。

火灾报警控制器能够接受来自海上变电站和风电机组的火灾报警信号，并经海底电缆光纤通信网络将火灾报警信号上送至位于陆上变电站集中控制室的火灾报警主机。

海上变电站火灾自动报警系统能够联动消防设备及视频监控系统，并能接受来自陆上变电站集中控制室的手动强制灭火和其他联动命令。

6. 电气设备状态监测系统

海上变电站内主变压器和高压 GIS 设备分别设置一套状态监测系统，用于主变压器和高压 GIS 设备的在线状态监测、故障预报和诊断。

主变压器状态监测系统主要的监测内容包括变压器局放、油色谱、温度、直流偏磁等。

GIS 状态监测系统主要的监测内容包括 GIS 开关动作特性监测、绝缘监测和 SF_6 气体状态监测等。

7. 电气二次设备布置

海上变电站空间有限，设备的布置应力求紧凑、节省空间。

海上变电站内设置二次设备室。不设控制室、通信室和蓄电池室。计算机监控系统站控层设备和蓄电池分别组屏布置在二次设备室，通信设备布置在二次设备室。

35kV 保护测控一体化装置及电能表等设备分散布置在 35kV 配电装置室的相应开关柜内。

5.2.1.6　防雷与接地设计

1. 海上变电站直击雷防护设计

根据标准 IEC 62305《雷电防护》对海上变电站进行防雷保护设计。

海上变电站内的设备、管道、构架、电缆金属外皮、钢屋架、钢窗等较大金属物和突出屋面的油枕、测风仪等金属物，均应接到防闪电感应的接地装置上。

海上变电站的金属屋面周边每隔 18～24m 采用引下线接地一次。沿屋角、屋脊、屋檐和檐角等易受雷击的部位敷设网格不大于 5m×5m 或 6m×4m 的接闪网；并应沿屋顶周边敷设接闪带，接闪带宜在外墙外表面或屋檐边垂直面上，也可设在外墙外表面或屋檐垂直面外，接闪器之间做好相互连接。

由于海上变电站和支撑结构完全焊接在一起，可以被认为是一个接地极，在它上面的电气设备都是有效接地（PE）的，且海上变电站通过利用钢构架、钢墙体、天花板和底板组合，可以视作一个法拉第笼，在雷击时其内部的设备都可得到有效的保护。这种焊接的、纵横交错的笼式钢结构是防雷和接地系统的很好结合。

在防雷设计前首先需要对雷击风险进行评估，获得最小雷电防护等级（LPL）。对于无人值守的发电站，通常认为 LPL1 已经能够满足需要。

在进行实际的外部防雷设计前，需要对该海上变电站可能受到雷击影响的区域进行分析。可能遭受到直击雷击的区域称为 LPZ0$_A$。对于防护等级为 LPL1 的海上变电站，用滚球法进行分析。选用滚球半径为 20m，从各个方向对海上变电站海面以上部分连续地遍滚。没有被滚球接触到的部位为 LPZ0$_B$，认为不会受到直接雷击，不需要进一步设置保护措施。被滚球接触到的部位可能需要进一步的防护措施。为了避免在雷击部位出现局部发热、燃烧甚至是金属融化喷溅等现象，暴露在空气中的钢的最小厚度是 4mm。

所有室外设备都需要装设避雷针，使其处于雷电防护区 LPZ0$_B$，以保护其免受直击雷危害，如图 5-4 所示。通过这种方式可以保护几乎所有站内设备。海上变电站的避雷针安装实例如图 5-5 所示。

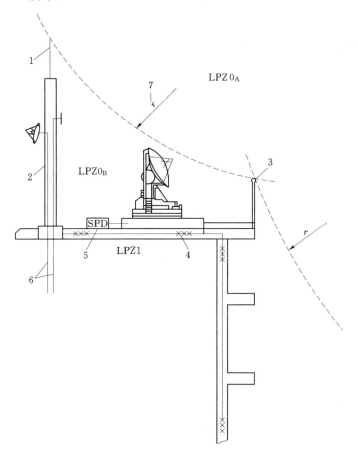

图 5-4　避雷针对室外设备的保护范围

1—避雷针；2—带天线的钢桅杆；3—手动辊；4—增强连接；5—从 LPZ0$_B$ 进入的传输线需要在入口装设 SPD；6—从 LPZ1（桅杆内）进入的传输线可能需要在入口装设 SPD；7—滚球半径

45

图 5-5　海上变电站避雷针安装示意图（箭头所指即为避雷针安装位置）

LPZ0$_B$ 进入海上变电站的室外布线需要通过加装浪涌保护装置（SPD）来降低直击雷导致的过电压。

2. 雷击浪涌过电压保护

雷击浪涌过电压保护基于雷电防护区域划分，根据雷电电磁环境特性可将海上变电站划分为多个保护区域，如图 5-6 所示。在不同的防护区域的交界面上，雷电电磁环境会有明显变化。

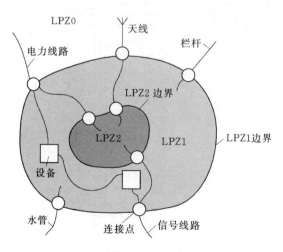

图 5-6　雷电防护区域划分示意图

○—处于交界处的设备通过 SPD 相连或者直接连接；LPZ0～LPZ2—雷电防护区域

雷击浪涌过电压保护主要通过设置浪涌保护器和空间屏蔽来实现。如图5-7所示，通过加装措施，设备上的浪涌过电压将得到很好的控制（$U_2 \ll U_0$ 且 $I_2 \ll I_0$），磁场强度也得到有效控制（$H_2 \ll H_0$）。

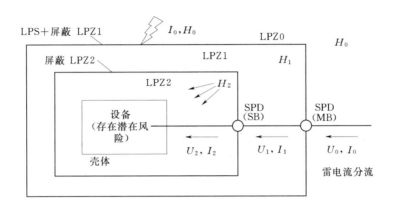

图5-7 利用空间屏蔽和SPD的配合实现浪涌保护

基本的雷击电磁脉冲防护措施有：

（1）接地和等电位连接。接地系统将雷电流传导泄散入地，可以使得设备上电位升最小化。因此，需要确保设备的有效接地和等电位连接。

（2）电磁屏蔽。通过使用屏蔽电缆和装设金属屏蔽层进行屏蔽，可以使得感应脉冲电磁场最小化。内部线路的布线除了要采用屏蔽措施外，还应避免出现严重弯曲；海上变电站的外部入线也应采取适当的屏蔽措施，减少从外部传导的脉冲磁场影响。

（3）SPD系统。SPD应尽量装设在海上变电站内部，距离外部电缆入口越近越好，且各SPD间应做到良好配合。安装在主变压器低压侧的浪涌保护器如图5-8所示。

3. 感应雷防护设计

室外低压配电线路全线采用电缆，在进入室内处应将电缆的金属外皮、钢管接到等电位连接带或防闪电感应的接地装置上。

电子系统的室外金属导体线路宜全线采用有屏蔽层的电缆埋设其两端的屏蔽层、加强钢线、钢管等应等电位连接到接入室内处的终端箱体上，在终端箱体内是应装设电涌保护器。

一次系统和二次系统均装设有避雷器，防止雷电波侵入；在电源引入的总配电箱处

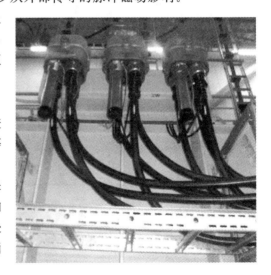

图5-8 主变压器低压侧浪涌保护器

应装设Ⅰ级试验的电涌保护器。电涌保护器的电压保护水平值应不大于2.5kV，每一保护模式的冲击电流值应不小于12.5kA。

对于采用光缆的电子系统的室外线路，在其引入的终端箱处的电气线路侧应安装 B2 类慢上升率试验类型的电涌保护器。

平行敷设的管道、构架和电缆金属外皮等长金属物，其净距小于 100mm 时，应采用金属线跨接，跨接点的间距不应大于 30m；交叉净距小于 100mm 时，其交叉处也应跨接。长金属物的弯头、阀门、法兰盘等连接处应用金属线跨接。

海上变电站电气设备采用总的接地装置，其中二次设备经由二次接地网与主接地网相连。

4. 海上变电站接地设计

根据国外海上变电站接地方案的设计经验，主接地体包括主接地导体和在海上变电站平台上的众多裸露接地点。接地点和基础的主要和次要钢结构要可靠牢固焊，裸露接地点的位置应当尽可能靠近海上变电站的设备，以便就近接地。此外，必须采用预防措施，保证基础的主次钢结构、主接地导体和裸露接地点的焊接处有足够大的截面积，以满足雷电流流散的需要。

中性点需要接地的设备，其中性点也通过设备附近的裸露接地点进行接地。每一个裸露接地点只能为一个设备提供接地接口，以保证所有的设备接地的可靠性。在进行可靠接地之后，对于裸露在外部的接地点，应当和可靠连接的接地线一起密封起来，具体的密封方法应当与设备供应商其他部分的密封结构相一致，以便于检修和更换。

在国外海上变电站的设计实例中，所有设备的等电位电缆多采用 70mm² 的绞线，同时在设计布线方案时，要保证等电位电缆的长度最小且不能存在打结和成环的情况。通常接地导线的截面积小于 70mm²，但是根据国外工程经验和相关研究，导线的截面积必须达到 70mm² 才能满足鲁棒性的要求。此外，必须保证在甲板上有足够多的裸露接地点，并且和接地系统的主要和次要钢结构可靠连接并进行防腐处理，如图 5-9 所示。

图 5-9　海上变电站甲板上的裸露接地点

5.2.1.7　海上变电站结构设计

1. 上部平台结构

海上变电站上部平台结构的主体结构为钢框架,主要由 4 根主腿杆,竖向及斜向支撑,平台主、次梁组成。满足工艺专业的设备布置,在整体结构上满足传力路径短、构件综合利用性好和材料利用率高的要求,同时满足其他专业对结构型式的要求。

2. 下部基础结构型式

目前较为成熟的海上变电站下部基础结构型式主要有单桩及导管架两种。

(1)单桩基础。单桩基础结构方案采用直径 6m 钢管桩作为基桩,入土深度约 35m,参考港口桩基规范,以强风化花岗岩作为桩持力层。桩顶通过灌浆连接将过渡段与钢桩连接在一起,过渡段连接段长度约为 8m。过渡段钢管顶部挑出 4 根变截面箱型钢梁,钢梁尾部设连接件,上部平台 4 根柱子插连接件,调平后焊接,海上变电站单桩基础模型如图 5-10 所示。为提高基础刚度保证结构安全,在单桩桩周一定范围内进行抛石保护处理。

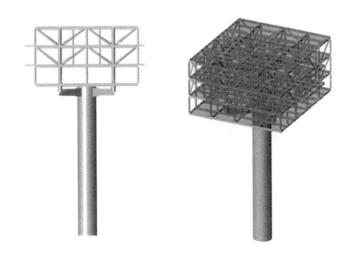

图 5-10　海上变电站单桩基础模型

(2)导管架基础。四桩导管架基础方案由 4 根主腿杆及水平及竖向撑杆组成,节点部分局部加厚或加粗管径,多见于成熟的浅海石油平台。建造时先进行海底面平整,将导管架置入海底,初次调平后将桩插入腿柱。打桩完毕后,调整好导管架结构,采用皇冠板将桩和导管架焊接起来固定。桩与腿柱之间灌筑混凝土,保证桩与导管架结构的协同性。上部平台 4 根腿杆插入钢桩,调平后焊接。海上变电站导管架基础模型如图 5-11 所示。

根据现有的钻孔资料及结构计算成果,四桩导管架基础方案桩径约为 1.4m,入土深度约 42.3m。参考港口桩基规范,以强风化花岗岩层作为桩持力层。

3. 防腐蚀设计

(1)涂层及阴极保护防腐。海上升压站基础结构涂层防腐蚀设计一般按 27 年考虑。在浪溅区和水位变动区采用长寿命的海工改性环氧玻璃鳞片涂料或环氧重型防腐涂料进行防腐,漆膜干膜厚度不低于 $800\mu m$;大气区采用不低于 $420\mu m$ 的改性环氧玻璃鳞片外加 $80\mu m$ 的聚氨酯面漆,总干膜厚度不低于 $500\mu m$;水下区、泥下区采用牺牲阳极的阴极保

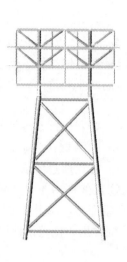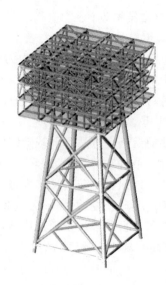

图 5－11　海上变电站导管架基础模型

护方式进行防腐。

（2）预留腐蚀裕量。根据 JTS 153—3—2007《海港工程钢结构防腐蚀技术规范》进行计算（DNV—OS—J101《海上风电机组结构设计》中无联合防护腐蚀速率规定），综合分析确定各区域的单面腐蚀裕量，见表 5－6。

表 5－6　　　　　　　　　　　　　钢结构的单面腐蚀裕量　　　　　　　　　　　　单位：mm

区　　域		JTS 153—3—2007	DNV—OS—J101
大气区		1.0	0
浪溅区	外表面	3.5	2.8（4.8）
	内表面	3.5	1.4（2.4）
水下区		1.0	0
泥下区		1.0	0

在风电场运营期间，对海上风电场钢结构的腐蚀状况及防腐蚀效果应定期进行巡视检查和定期检测。巡视检查周期宜为 3 个月，内容主要包括大气区、浪溅区涂层老化破坏状况及结构腐蚀状况，水下区阴极保护电位。定期检测周期一般为 5 年，可根据巡视检查结果的腐蚀状况适当缩短检测周期，检测应查明结构腐蚀程度，评价防腐蚀系统效果，预估防腐蚀系统使用年限，提出处理措施和意见。

5.2.2　海上换流站设计

相对 LCC－HVDC 输电技术，VSC－HVDC 输电技术在海上风电领域应用效果更为显著，其控制灵活、占地面积小、模块化设计、噪音低等有利因素使其在海上风电输送中更具竞争优势，并且世界首个 VSC－HVDC 输电工程——瑞典 Gotland 工程就是为风电送出而建设的。

因此，本小节主要根据 VSC－HVDC 输电系统对换流站进行设计。本小节中换流站的主变压器选型、交流设备选型、防雷接地、结构设计等部分与海上变电站设计原则基本一致，因此在本节中将不再对此部分进行描述。

5.2.2.1 柔性直流换流器主电路拓扑结构

1. 两电平电压源换流器

两电平电压源换流器是最为简单的电压源换流器拓扑结构，如图 5－12 所示。共有三个桥臂 a、b、c，每个桥臂均由上下两组可关断器件 IGBT 及其相应的反并联续流二极管构成，每个交流输出端均可与正直流母线或负直流母线相连。直流侧中性点为假想的参考电位点，直流侧电压为 u_{dc}，上、下两直流电容电压均为 $u_{dc}/2$，电阻代表电压源换流器的开关损耗等效电阻 R_{dc}；电压源换流器交流侧通过阻抗与交流电源相接，交流侧电感包括相电抗器的电感、变压器漏感以及交流电源的内部电感，交流侧电阻包括相电抗器中的电阻以及交流电源的内阻。电压源换流器每相输出仅取决于直流侧电压与功率开关器件的开关状态，而与负载电流方向无关。

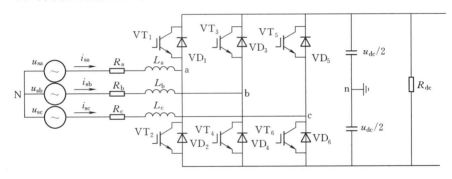

图 5－12 两电平电压源换流器拓扑结构示意图

换流器的输出通常是采用脉宽调制（PWM）技术，其中主要包括正弦脉宽调制（Sinus PWM，SPWM）、开关频率优化 PWM 方法（Switching Frequency Optimal PWM，SFOPWM）、消谐波 PWM 方法（Selected Harmonic Elimination PWM，SHPWM）、空间矢量 PWM 方法等，原理都是在换流器输出端口 a、b、c 处输出跟随指令的正弦电压，如图 5－13 所示。

此处介绍在实际工程中使用较多和较广的正弦脉宽调制技术（SPWM）。对于 SPWM，a、b、c 三相的 PWM 控制共用一个三角波载

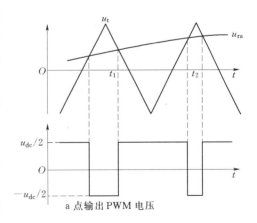

图 5－13 SPWM 原理示意图

波 u_t，三相调制信号 u_{ra}、u_{rb} 和 u_{rc} 的相位依次相差 $120°$，a、b 和 c 相功率开关器件的控制规律相同，现以 a 相为例来说明，当 $u_{ra} > u_t$ 时，给上桥臂晶体管 VT_1 以开通信号，给下桥臂 VT_2 以关断信号，则 a 相相对于直流电源假想中性点 n 的输出电压 $u_{an} = +u_{dc}/2$；当

$u_{ra} < u_t$ 时，给 VT_1 以关断信号，给 VT_2 以导通信号，$u_{an} = -u_{dc}/2$。VT_1 和 VT_2 的驱动信号始终是互补的，当给 VT_1（VT_2）加导通信号时，可能是 VT_1（VT_2）导通，也可能是二极管 VD_1（VD_2）续流导通，这要由感性负载中原来电流的大小和方向来决定。在上下桥臂开关的交替开通与关断下，VSC 在 a 端输出交流电压 u_a 为幅值为 $\pm u_{dc}/2$ 的二电平脉冲电压。从调制波与 VSC 输出电压基波分量的关系上看，VSC 可视为一个增益为 $u_{dc}/2$ 且无相位偏移的线性放大器。图 5-13 中，通过 SPWM 技术，a 点的输出电压可以跟随期望的指令。

目前的功率开关器件的电压等级最大只有几千伏，显然两电平电压源换流器无法直接实现 VSC-HVDC 输电系统的高压输出要求。虽然开关器件的直接串联是最为直接的解决方法，但是开关器件的直接串联在开关过程中存在串联器件间的动态均压问题。

2. 三电平电压源换流器

为缓解两电平电压源换流器受到开关器件耐压与功率的限制，多电平电压源换流器（Multilevel Voltage Source Converter）拓扑得到发展。在已经形成的集中典型的多电平电压源换流器主电路结构型式中，二极管中点箝位型（Neutral Point Clamped，NPC）三电平电压源换流器在 VSC-HVDC 输电工程中得到应用。

NPC 三电平电压源换流器拓扑结构如图 5-14 所示，换流器通常共用直流电容器，通过合适的调制策略，三电平换流器的一相（以 a 点为例）可以输出三个电平：$+u_{dc}/2$、0 和 $-u_{dc}/2$，较两电平只能输出多一个电平。

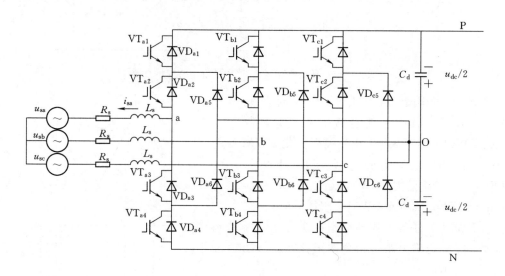

图 5-14　NPC 三电平电压源换流器拓扑结构示意图

三相桥臂桥臂各有三个工作状态，以 a 点输出三种电平为例：

（1）当开关管 VT_{a1}、VT_{a2} 导通，VT_{a3}、VT_{a4} 关断时，输出端 a 与直流电压的正极 P 端相连。若 i_{sa} 电流方向为正，则电流从 P 点流经 VT_{a1} 和 VT_{a2} 到达 a 点，忽略开关器件的正向导通压降后，输出端 a 点的电位等同于 P 点电位。若电流方向为负，则电流从 a 点经过续流二极管 VD_{a1} 和 VD_{a2}，流进 P 点，此时输出端 a 点的电位仍等同于 P 点电位。这种状态定义为"1"态，此时 $u_{aO}=+u_{dc}/2$。

（2）当开关管 VT_{a2}、VT_{a3} 导通，VT_{a1}、VT_{a4} 关断时，输出端 a 相当于连接到分压电容的中性点 O 上。若电流方向为正，则电流从中性点 O 点经钳位二极管 VD_{a5} 和续流二极管 VD_{a2} 到达 a 点，输出端 a 点的电位同于 O 点的电位，即 0 电位。若电流方向为负，则电流从 a 点经过 VT_{a3} 和钳位二极管 VD_{a6} 流进 O 点，此时输出端 a 点的电位仍等同于 O 点电位。这种状态定义为"0"态，此时 $u_{aO}=0$。

（3）当开关管 VT_{a3}、VT_{a4} 导通，VT_{a1}、VT_{a2} 关断时，输出端 a 与直流电压的负极 N 相连。若电流方向为正，则电流从 N 点经续流二极管 VD_{a4} 和 VD_{a3} 到达 a 点，输出端 a 点的电位等同于 N 点电位。若电流方向为负，则电流从 a 点经过 VT_{a3} 和 VT_{a4} 流进 N 点，此时输出端 a 点的电位仍等同于 N 点电位。这种状态定义为"-1"态，此时 $u_{aO}=-u_{dc}/2$。

由此可见 NPC 三电平电压源换流器的拓扑结构每相能够输出三个电平，箝位二极管在负载电流反向时能够起到箝位和续流的作用。每个开关管承受的正向阻断电压为 $u_{dc}/2$，而两电平承受的正向阻断电压为 u_{dc}。处于桥臂中间位置的两个开关管 VT_{a2}，VT_{a3} 导通时间最长，引起的发热量最大，因而设计时也应以这两个开关管的散热为准。

相比于两电平电压源换流器，如果单个 IGBT 的开关频率相同，三电平电压源换流器的输出电压更接近正弦波，其谐波水平低于两电平电压源换流器。相同的直流系统电压下，三电平电压源换流器的产生的冲击电压（du/dt）低于两电平电压源换流器，仅为两电平的一半；单个开关器件、电容承受的电压降低，仅为两电平的一半，有利于换流阀的串联实现。由于电平数多，三电平电压源换流器的开关损耗低于两电平。但是 NPC 三电平电压源换流器的拓扑结构也导致了其固有的缺点：①需要大量额外的箝位二极管；②存在电容器电压的动态和静态均压问题，使得控制上比两电平的困难；③阀组的承压不相同，不利于模块化实现。

3. 模块化多电平电压源换流器

模块化多电平电压源换流器（MMC）技术首先由德国学者 R. Marquardt 于 2001 年提出，并由 SIEMENS 公司于 2010 年首次应用于实际工程——美国 Trans Bay Cable 工程（400MW，$\pm200kV$）。ABB 和 Alstom 公司随即分别提出了各自的新型多电平换流器结构：ABB 的称为两电平级联电压源换流器，Alstom 的称为混合型电压源换流器。上海南汇柔性直流输电示范工程也采用了 MMC 拓扑结构。三种新型多电平电压源换流器的工作原理基本相似。

MMC 不仅没有类似 NPC 多电平电压源换流器直流母线之间的直流电容器组，还具有级联型多电平电压源换流器中的 H 桥的"模块化"结构特点。图 5-15 为 MMC 的拓扑结构。MMC 的基本结构为功率模块（Power Module，PM），每个桥臂由 $2n$ 个功率模块级联构成，上下桥臂间分别串联一个电抗器（其电感为 L_s），同相上下两个桥臂构成一个相单元。功率模块的构成中，VT_1 和 VT_2 为功率器件，VD_1 和 VD_2 为相应的反并联二极管，C_0 为功率模块电容，其电压为 u_c。R_1 和 R_2 为电阻，K_1 为快速旁路开关（用于切除故障功率模块），K_2 为保护晶闸管。如果功率模块直流电容电压已经被控制为 u_c，MMC 的每个换流单元可以输出 0 和 u_c 两种电压，如果每个半桥臂有 n 个换流单元，则桥臂输出电压的状态将在 0，u_c，$2u_c$，$\cdots$，nu_c 之间变化，即具有 $n+1$ 个电平状态。

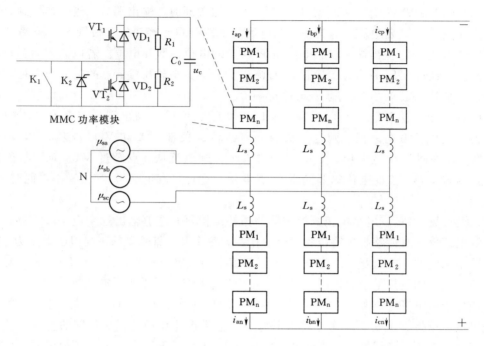

图 5－15　MMC 拓扑结构示意图

　　目前 MMC 拓扑结构是柔性直流输电换流站的主流方案。欧洲正在建设的 BorWin2（±300kV/800MW，2013 年）、HelWin1（±259kV/576MW，2013 年）、INELFE（±320kV/1000MW×2，2013 年）和 SynWin1（±320kV/864MW，2014 年）等工程采用的换流器都是 MMC 结构。

　　4. 拓扑比较

　　世界上目前在运行的多数柔性直流输电实际工程中，电压源换流器拓扑结构主要集中在两电平和三电平电压源换流器 NPC 型结构，调制策略主要集中在正弦脉宽调制技术、改进型的正弦脉宽调制技术（如 3 次谐波注入 PWM、开关频率优化 PWM）以及结合特定次谐波消除的优化脉宽调制技术。西门子公司 2010 年在美国跨湾工程中投入使用的多电平 MMC 结构是世界上第一例使用多电平拓扑结构的柔性直流输电工程。另外，在一些验证性工程中也采用了组合型电压源换流器结构，即换流器单元采用并联或串联的结构组合而成，比如 ABB 公司 1998 年投运的新信依（Shin－Shinano）三端背靠背验证工程中，采用了由 4 个两电平电压源换流器基本单元在直流侧并联所构成的组合型结构；西门子公司在早期验证性工程中采用了由 2 个基本两电平电压源换流器在直流侧串联所构成的组合型结构。

　　（1）两电平、三电平电压源换流器拓扑结构的缺点。虽然两电平、三电平电压源换流器拓扑结构柔性直流输电较传统晶闸管高压直流输电有诸多优势，但其拓扑结构也决定了以下共同缺陷：

　　1）换流站损耗大。由于采用高频 PWM 控制，开关频率以 kHz 计，导致开关损耗较大。开关频率为 1950Hz 的二电平柔性直流换流站功率损耗（不含线路）为系统额定功率的 6%，开关频率为 1260Hz 的三电平柔性直流换流站损耗（不含线路）降低到 3.6%。而常规直流换流站的晶闸管开关频率为工频，损耗只有系统额定功率的 0.8% 左右，远低于柔性直流换流站损耗。

2）不能控制直流侧故障时的故障电流。一旦直流侧故障，交流断路器必须瞬时断开。当断路器断开后，短时间内重新启动系统不太可能，换流器在开关动作前允许故障电流持续 3 个周波。柔性直流作为电力系统中重要的有功传输装置，要求它能够长期可靠地运行，因此为了降低直流线路的故障率，现有柔性直流工程一般都采用电缆输电而非架空线路，增加了工程投资。

3）目前只有 ABB 公司有成熟的串联 IGBT 动态均压技术，此类拓扑工程在国内推广存在一定的困难。

4）虽然较传统晶闸管直流输电谐波含量大幅降低，但仍然需要交流滤波器。

（2）MMC 拓扑结构的优缺点。MMC 拓扑结构主要优点为：

1）MMC 可以运用较低的开关频率得到较优的输出电压波形，低开关频率带来器件开关损耗及系统总损耗的降低，单换流站损耗仅为总功率的 1%，接近传统晶闸管直流输电，提高了换流系统的效率、可靠性及经济性。

2）MMC 具有模块化的构造特点，极易扩展到不同的电压及功率等级，满足不同等级的工程需求，具有较强的灵活性。仅仅通过子模块单元数量上的变化即可实现不同电压及功率等级的多电平输出，不需要 IGBT 串联均压技术。

3）MMC 允许使用在工业应用中较成熟的标准部件，如耐用且可靠性高的中压电容，加之其模块化的设计特点，将缩短实际工程的施工周期。

4）具有较强的故障保护能力。通过子模块单元结构上的改进，配之以一定的开关器件，即可实现换流器阀的冗余设计，当某一子模块发生故障时，可以迅速切换到备用子模块而不影响换流系统的正常工作；当发生某些严重故障，比如直流侧短路故障时，可以将冲击电流限制在较低的上升水平，有效地保护了 IGBT 与续流二极管，提高了系统的可靠性及可用率。

5）能够实现低电平台阶变化的多电平电压输出，降低电压变化的幅度及梯度，有效地缓解了换流器阀承受的电气应力，同时，具有较优的波形品质及较低的谐波含量，可以取消滤波器的使用，降低成本。正是由于较好的交流电压输出，对交流变压器的配置要求及冲击均较低，允许采用标准交流变压器。

当然 MMC 也有其自身的缺点：各相之间能量分配的不平衡，导致换流器内部环流的存在，使本来正弦的桥臂电流发生畸变，同时增加了对开关器件额定电流的要求；由于将电容组件与开关器件结合，串联叠加构成换流器阀，这样的换流器阀已经不仅仅具有实现传统意义上的开关功能，在一定程度上等效于可控电压源，各子模块上电容电压的均压问题使得控制器比两电平、三电平 NPC 拓扑结构要复杂得多。

综上所述，通过对主回路几种典型拓扑结构的分析，结合功率器件的技术发展水平和供应情况，MMC 拓扑结构是目前国内柔性直流输电最可行的方案。

5.2.2.2　主接线方案

HVDC 输电系统是由整流站（送端）、逆变站（受端）及直流线路组成的输电系统。VSC-HVDC 输电技术的特点决定其易于实现多端直流输电，其换流站既可以作为整流站运行，又可以作为逆变站运行。功率正送时的整流站在功率反送时为逆变站，而正送时的逆变站在反送时为整流站，整流站和逆变站的主接线及一次设备基本相同。直流线路通常采用地下电缆或海底电缆，也可使用架空线，背靠背 VSC-HVDC 输电系统没有长距离直流线路。

送端和受端直流系统与直流输电能量流向密切相关。送端电力系统作为 HVDC 输电的电源，提供传输的功率；而受端系统则相当于负荷，接受由 HVDC 输电送来的功率。因此，两端交流系统是实现直流送电必不可少的组成部分。两端交流系统的结构和运行性能等对直流输电工程的设计和运行均有较大的影响，HVDC 输电工程运行性能好坏也直接影响两端交流系统的运行性能。因此，HVDC 输电系统的设计条件和要求在很大程度上取决于两端交流系统的特点和要求，例如换流站的主接线和主要设备的选择、换流站的绝缘配合和主要设备的绝缘水平、HVDC 输电控制保护系统的功能配置和动态响应特性等。

一般来讲，VSC-HVDC 输电和 LCC-HVDC 输电一样，可以分为单极系统（正极或负极）、双极系统（正负两极）和背靠背系统（无直流输电线路）三种类型，现在所有运行的工程都为双极系统（包括背靠背系统）。VSC-HVDC 输电工程运行中可供选择的稳态运行的状态称为运行方式。运行方式与工程的直流侧接线方式、直流功率输送方向、直流输电系统的控制方式有关。相对于以晶闸管为基础的电流源型直流输电系统，VSC-HVDC 输电系统的运行方式相对简单。HVDC 输电工程可以有多种运行方式，根据工程的具体情况以及两端交流系统的需要，选择合理的运行方式，可以有效地提高系统的可靠性、经济性。

1. 交流侧接线方式

VSC-HVDC 输电系统交流侧接线方式主要包括连接变压器和连接电抗器以及交流滤波器的接线方式。

VSC-HVDC 输电系统根据抑制和隔离零序分量时所采取的不同措施采用不同接线方式，连接变压器和相电抗器的主要功能是提供一个等效的电抗，为交流系统与直流系统间功率传输建立纽带，同时起到抑制换流站输出电压和电流中的谐波分量、抑制短路电流上升速度的作用。在 VSC-HVDC 输电系统中，连接变压器和相电抗器两者至少要有其一。尽管 VSC-HVDC 输电系统可以不需要连接变压器，但是为充分利用半导体器件的电压容量和电流容量，实现交直流侧电压等级的配合，实际工程中通常均配置了变压器。

如果换流器通过变压器与交流系统相连，VSC-HVDC 输电系统换流站与交流系统连接方式如图 5-16 所示。变压器通常会选择 YNy 或者 YNd 接法，靠近交流系统侧绕组多采用 YN 接法，靠近换流器侧多采用 Y 或者△接法，起到隔断零序分量在换流器与交流系统之间传递通路的作用。换流站中基本的换流器单元可以是两电平、三电平电压源换流器或多电平电压源换流器。

图 5-16（a）所示为两端直流系统 2 个换流站均通过变压器—电抗器与交流系统相连，

图 5-16（b）所示为两端直流系统 2 个换流站分别通过电抗器、变压器—电抗器与交流系统相连，图 5-16（c）所示为两端直流系统 2 个换流站均通过电抗器与交流系统相连。

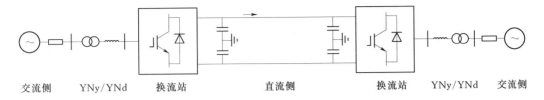

（a）两端均通过变压器—电抗器相连

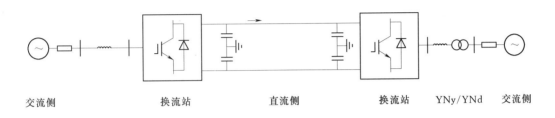

（b）一端通过电抗器、一端通过变压器—电抗器相连

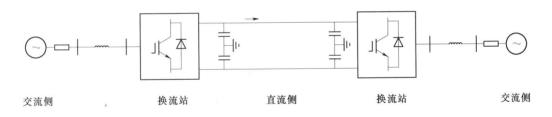

（c）两端均通过电抗器相连

图 5-16 两端直流系统与交流系统连接方式

2. 直流侧接线方式

（1）单极大地回线方式。单极大地回线接线方式如图 5-17 所示，系统直流侧只有一根极导线，利用大地或海水作为返回线，构成直流侧闭环回路。两端换流站需要有可长期连续流过额定直流电流的接地极系统。接地极系统是此工程不可分割的一部分，接地极系统故障，则直流输电工程停运。单极大地回路方式中，由于电流的回路是通过大地或海水和相应的电极，可以减少线路造价和降低损耗。直流电流通过接地极散流入地（水），地（水）的电阻可以忽略不计，这时仅需考虑从换流站到接地极系统的损耗。但是利用大地做电流回路存在明显的缺点，接地极系统附近的地下管道、电缆等金属设备会被逐渐地电解腐蚀，危及其安全运行。为了避免金属设备的损坏，接地极系统通常设置在远离换流站的地方，在危险区以内的管道和电缆采取阴极保护的措施。

（2）单极金属回线方式。为了避免单极大地回线方式所产生的电解腐蚀等问题，以一

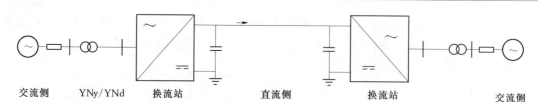

图 5-17　单极大地回线接线方式示意图

根金属线代替单极大地回线方式中的大地回线，由此构成了单极金属回线的接线方式。单极金属回线接线方式如图 5-18 所示，除有一根极导线以外，还有一根低绝缘的金属返回线。金属返回线的一端接地是为了固定直流侧的电位并提高运行的安全性，属于安全接地的性质。如果实际工程中不允许利用大地（或海水）为回线或选择接地极较困难，通常考虑采用这种接线方式。

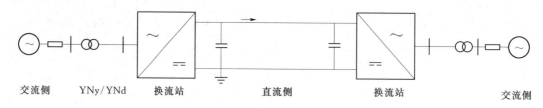

图 5-18　单极金属回线接线方式示意图

（3）双极两端中性点接地方式。VSC-HVDC 输电系统换流站直流侧双极（IEC 称为对称单极接地方式）两端中性点接地接线方式如图 5-19 所示，各换流站直流侧中点通过接地系统可靠接地。正常运行时两极的电流相等，方向相反，对地回路中仅有少量谐波电流。当交流系统发生不对称故障时，对地回路中将有一定幅值的零序电流流过。由于 VSC-HVDC 输电系统换流器不能单极独立运行，如果换流器某一极发生故障，整个换流站将全部停运。但是如果直流输电线路发生故障，则可以通过特定的控制方式将接线方式调整为单极金属回线方式或单极大地回线方式。

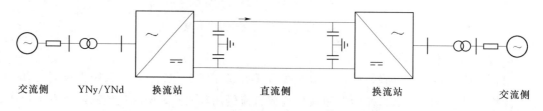

图 5-19　双极两端中性点接地接线方式示意图

（4）双极一端中性点接地方式。双极一端点中性点接地接线方式中，VSC-HVDC 输电系统直流侧回路由正负两根极线构成，但只有一端换流站中性点安全接地，如图 5-20 所示。由于大地在直流侧不能构成回路，因此可以保证在运行过程中大地回路没有直流电流流过。但是在发生直流线路故障时，这种接线方式只可能转换为单极金属回线方式。因此，在运行灵活性和可靠性上不如两端中性点接地方式。

（5）IEC 双极接线方式。两个不对称金属回线方式或大地回线方式的换流单元可组成双极接线方式的 VSC-HVDC 输电系统，如图 5-21 所示。该系统将 2 个换流单元串联，

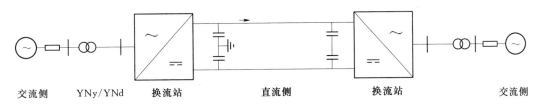

图 5-20 双极一端中性点接地接线方式示意图

更有利于提高直流输电的电压。其中性点接地方式与 LCC-HVDC 输电系统的接地方式类似，当某一换流单元或线路发生故障时，双极接线方式的系统可以通过改变运行方式，利用非故障器件以不对称单极接线继续运行，提高了系统的可靠性。但这种接线方式，对于其中一个换流器交流侧，人为注入了 1/2 直流电压，在设备绝缘方面需要特别注意。

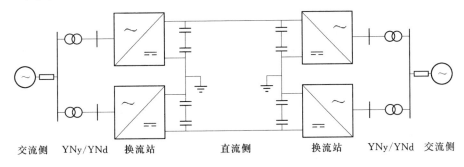

图 5-21 双极接线方式示意图

目前，已投运的柔性直流输电工程中，Caprivi Link 工程采用了这种双极接线的双换流器拓扑结构。

（6）两个换流单元的并联。由于流过单个 IGBT 的电流受到安全工作区域（SOA）的限制，为提高直流输电线路的输送电流，可将两换流单元并联，如图 5-22 所示。为避免两换流单元不良的相互作用，在其间应配置一定值的阻抗。两个换流单元并联系统的上层控制、交直流开关，相比于图 5-17～图 5-20 的接线方式，也应做相应的改变。当某一换流单元发生故障时，系统可以改变运行方式继续传送电能，系统可靠性较强；但是当直流线路发生故障时，该系统只能停运。

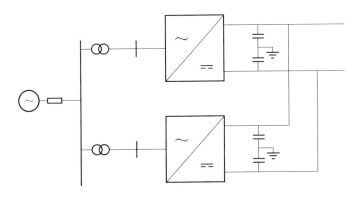

图 5-22 换流单元并联接线方式示意图

5.2.2.3　换流站平面布置

1. 综合考虑因素

海上换流站的平面布置应从紧凑型的角度出发，根据电气主接线方案、建设条件、噪声控制、出线方向等条件进行综合考虑，主要包括以下因素：

（1）功能分区应明确、合理，不宜功能混杂或凌乱，以免造成运行、维护不便。

（2）工艺流程紧凑、顺畅、合理，方便接线，不能出现工艺迂回、接线困难。

（3）布置紧凑、合理，充分考虑施工、设备安装、运行维护的便捷性，不能一味追求紧凑而造成施工、运行维护不便。

（4）与周围环境友好、协调，不能影响周围工作人员的生活。

（5）布置优化，节能节地。

2. 四大区域内容布置

根据换流站布置原则，结合换流站电气主接线，按照其功能定位和工作原理，换流站可划分为交流场、阀厅、直流场和功能房间四大区域。如果工程采用模块化多电平拓扑结构、电平数高的话，系统的交、直流谐波很少，满足规范要求，可以不设置交、直流滤波器装置，不存在滤波场场区域。换流站四大区域具体布置如下：

（1）交流场区域主要包含交流进线、变压器、启动回路、阀电抗器等。

（2）阀厅区域主要包含换流器、阀厅接地刀闸等。

（3）直流场区域主要包含直流电抗器、直流隔离开关、电流测量装置、电压测量装置、避雷器、直流 PLC（预留）、故障定位装置等。

（4）功能房间区域主要包含低压配电室、继电器室、主控制室、阀冷设备间、备品备件间、通信机房、二次蓄电池室、通信电源室、工具间等。

每个功能区域在有机联系的同时，应尽量独立成区，减弱各区域间的交互影响。

换流站功能分区间的工艺流程如图 5-23 所示。

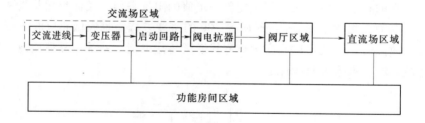

图 5-23　换流站的工艺流程

3. 多层布置方案

海上换流站布置中，应尽量按照图 5-23 的工艺流程设计，避免迂回、曲折。为节省占地，应考虑多层布置，而不是陆上换流站常用的单层布置。布置时应考虑以下因素：

（1）当变压器、阀电抗器布置在一层时，为使流程顺畅，接线简洁、明晰，交流场区域宜整体布置在同一层。

（2）考虑交流场区域与阀厅和直流场的整体尺寸相当，为节约占地，当交流场区域布置在首层时，阀厅和直流场宜布置在二层。

（3）考虑到每层都有与其相关联的功能房间，各层应设置功能房间区域。

换流站每层平面布置工艺规划如图 5-24、图 5-25 所示，接线流程工艺规划如图 5-26 所示。

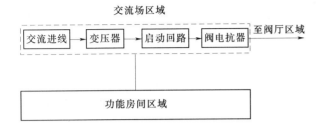

图 5-24　换流站首层平面布置工艺规划图

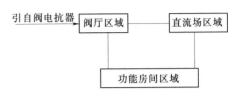

图 5-25　换流站二层平面布置工艺规划图

5.2.2.4　主要电气设备选择

1. 电压源换流阀开关器件选择

从半导体结构和原理区分，大功率半导体器件可以分为晶闸管（Thyristor）和晶体管（Transistor）两类。而其中可以胜任 HVDC 输电的晶闸管类功率器件包括常规直流输电中的晶闸管、可关断晶闸管以及 IGCT；晶体管类功率器件包括 IEGT 和 IGBT。

IGBT 依靠其运行稳定可靠、供应厂商广泛等优势，近年来发展迅速，已经发展到 4500V/3000A 的等级，虽然仍没有

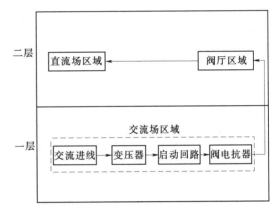

图 5-26　换流站接线流程工艺规划图

完全达到晶闸管类器件的水平，但是已经可以满足大部分高压大容量换流器的应用，国内各主流制造商均选择了 IGBT 器件作为主要技术发展路线，在 VSC-HVDC 输电工程中占绝对主导地位。

在 IGBT 的种类上，包括适用于两电平、三电平拓扑结构和级联两电平拓扑结构的压接式 IGBT，以及适用于 MMC 及其类似拓扑结构的模块式 IGBT。其中模块式 IGBT 是当前 IGBT 主流方案，供应商也均为主流的 IGBT 厂商。但是模块式 IGBT 存在引起损坏开路模式和可能爆炸的风险，需要设计额外的旁路保护电路，并且在机械结构设计上也要考虑保证旁路电路不受 IGBT 爆炸的影响。

在 IGBT 选型时，应核对各种工况下 IGBT 承受的电压和电流，使其不会超出 IGBT 器件的安全工作区域（Safe Operation Area，SOA）导致器件损坏。SOA 限定了稳态运行时的安全工作区域。图 5-27 以 ABB 的 5SNA 0750G650300（参数 6500V/750A）的 SOA 曲线为例，其中水平边界和垂直边界分别反映了器件的最大允许电流和电压，稳定运行时不应超出这个范围。

由于电路中必然存在杂散参数和非理想因素，并考虑到运行的安全裕量，一般情况下

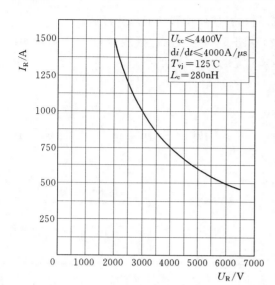

图 5-27　ABB 5SNA 0750G650300
安全工作区域

在运行的电压和电流都会留有一定的裕量，实际工程中典型的方式是取额定参数的 $1/2 \sim 2/3$。

2. 直流电容器选择

（1）开关型 VSC 换流站直流电容器。直流电容器是电压源换流器的直流储能元件，它的主要作用是为换流器提供直流电压，同时可以缓冲系统故障时引起的直流侧电压波动、减小直流侧电压纹波并为换流站提供直流电压支撑。直流侧电容的大小也影响着控制器的响应性能和 VSC-HVDC 输电系统直流侧的动态特性。开关型 VSC 换流站采用 PWM 技术，直流电流中包含大量高次谐波分量导致直流电压发生脉动，直流电容的容值和 PWM 载波频率还共同决定了直流电压的脉动范围。

目前，VSC-HVDC 输电系统中常用的直流电容为金属氧化膜电容，这种电容是干式电容，具有自愈功能、耐腐蚀（使用金属或塑料外壳封装）、电感较低等特点。由于 IGBT 阀的快速开关导致的高频脉冲电流会经过由阀、直流电容、直流母线形成的回路，这个回路中杂散电感过大，尤其在故障时电流变化率增加，会在阀上产生一个很大的电压应力，甚至导致阀的损坏。因此直流电容上的杂散电感要尽量小，一般选用干式金属氧化膜电容。

（2）模块化多电平电流源换流器直流电容器。对于 MMC-HVDC，其直流电容分散布置在每个子模块中，考虑子模块电容值时，除了需要满足在稳态情况下子模块电压波动不能超过某一定值外，还需要考虑子模块电压波动与运行状态的关系。当直流系统有功功率平衡时，电容电压稳定在额定值附近，电压的波动由无功功率交换引起；而当有功功率不平衡时，电容电压会上升或下降。子模块电容的取值与很多因素相关，进行参数选择时，往往将几种主要的电气特性折中考虑。

综上所述，直流电容器的主要设计原则有以下方面：

（1）储能要求。能够支撑直流电压，电容器上的储能相当于换流器在额定有功功率下做功，做功时间为 t，工程上 $t \leqslant 5\text{ms}$。

（2）低杂散电感。直流电容的杂散电感尽量要小，防止换流过程中器件高速开合引起高频谐波电流在阀两端产生高频过电压。

（3）稳压要求。直流电压波动与交流系统不平衡、交流系统谐波、换流器运行方式及调制策略有关，直流电容的取值应该能够将直流电压波动抑制在允许的范围内。

（4）弱化两换流站间的耦合作用。直流电容的取值应尽量减小一端换流站的谐波电流通过直流电容耦合到另一端引起谐波过电压。

（5）动态响应速度与控制系统匹配。当系统运行条件发生变化时，保证及时响应控制系统发出的指令。

3. 连接变压器和相电抗器参数选择

(1) 连接变压器。VSC - HVDC 输电的连接变压器是交直流两侧功率输送的纽带，其主要功能有：①在交流系统和换流器之间与相电抗器一起提供接口电抗；②提供与直流侧电压相匹配的交流二次侧电压，使换流器工作在最佳的运行范围内；③确保换流器调制比在合适的范围，以减小换流器输出电压和电流的谐波含量；④阻止零序电流在交流系统和换流站间流动；⑤在一些应用场合实现换流器的多重化，增加换流器的脉动数，同时提高电压等级并增加容量，降低系统开关频率与系统损耗；⑥在短路比较大的系统中，可通过选择适当的漏抗值以提高交流滤波器的滤波性能。

VSC - HVDC 输电系统中使用的连接变压器和普通的电力变压器结构基本相同，但是由于两者的运行条件存在一定的差异，所以在连接变压器的设计、制造和运行中也不尽相同。

1) 连接变压器绕组配置。为了隔离两端零序分量的相互影响，连接变压器一般设计为消除零序分量的接法，两侧必须有一侧为不接地系统，即 YNy、YNd、Dyn 和 Dd 等接法。实际工程中多为 YNy 或 YNd 接法，同时二次侧设计为带分接头控制。

连接变压器可设计为三相或者单相，主要取决于所选用容量的变压器制造能力以及大件运输限制水平。常规交流工程中，在变压器制造及大件运输能够满足条件的情况下，优先选择三相变压器，以减小占地与造价。而柔性直流输电工程中，变压器造价一般在整个工程造价中占的比重相对较小，且工程占地本身已经大为压缩，可以更多地关注可靠性和可用率。因此，在容量较大时，可优先选择单相变压器，并在现场配置 4 台，其中 1 台作为备用以实现整个系统的高可靠性。国外在 Caprivi Link 工程（单级直流输送功率300MW）和 Cross Sound Cable 工程（直流额定输送功率 330MW）等工程均选用了单相变压器。

对于柔性直流换流站来说，调压装置并不是必需的，但调压装置确实可以起到在低交流电压时稳定传输功率能力的作用。为了换流站能够运行在最优的功率状况下，可以在变压器的二次侧绕组加上分接头，通过调节分接头来调节二次侧的基准电压，进而获得最大的有功和无功输送能力。比如交流电网本身的电压波动会引起连接变压器二次侧电压变化，这时为了补偿连接变压器交流测系统电压的变化，以使换流器调制比保持在一个最佳的范围，这就需要变压的变比能够进行一定程度的调节。

LCC - HVDC 输电工程常采用直流降压运行模式（多为 70% 降压和 80% 降压），如70% 降压运行时，分接头需要将变压器二次侧电压调节到 0.7 倍的电压额定值。降压运行模式能够消除直流架空线路由于气象及污秽等原因而产生的非永久性接地故障，以提高输电系统的可用率。这种情况下，变压器所需要的正分接头调压范围会比较大。VSC - HVDC 输电一般采用直流电缆送电，很少考虑直流降压运行方式，因此调压范围可以按常规工程配置。

此外，调压装置一般配置在二次侧，以使变压器二次侧电压（即交流滤波器母线电压）被调节在合适的范围内，保证了交流滤波器的输出性能，同时对换流器的有功和无功输出能力也有一定的影响。特别是采用三相三绕组变压器时（第三绕组用于站用电或用于换流器串联方案），调压装置一般只能配置在二次侧。

2）变比选择。连接变压器的二次侧电压为

$$U_{S1}=\frac{\mu}{\sqrt{2}}\frac{M}{\sqrt{(P^{*2}+Q^{*2})X^{*2}-2Q^{*}X^{*}+1}}U_{dc} \qquad (5-1)$$

连接变压器的额定变比 k 的影响因素为：①换流器设计的运行范围；②换流器采用的调制方法，具体是指直流电压利用率；③调制比 M；④直流电压 U_{dc}；⑤等效换流电抗 X；⑥直流电压利用率 μ。

VSC-HVDC 输电系统一般要求工作在线性调制区。考虑到控制裕度、交流电压和直流电压的波动可能引起的过调，M 并不能取到上限，同时 M 也不能够过低，否则会使交流系统总的谐波畸变率超过允许值，波形质量变差。稳态运行时 M 应保持在最佳调节范围，一般在 0.85～0.95 之间。换流器的拓扑结构、调制方式选定后，μ、M 值就确定了，根据接入系统分析输出的额定 P、Q 值，按式（5-1）就能够计算出连接变压器二次侧的额定电压 U_{S1N}，进而得到连接变压器的额定变比。

3）短路阻抗参数选择考虑。为限制阀臂或直流母线短路时的故障电流，以避免损坏换流阀中的器件，连接变压器应具有足够大的短路阻抗以限制这个过电流。但短路阻抗过大将使得换流站在确定的直流运行电压条件下的功率运行范围变小。需要说明的是，一般情况下换流站均会配置连接变压器和相电抗器，两者共同限制阀臂或直流母线短路时的故障电流。工程设计中一般先固定连接变压器的短路阻抗，然后综合考虑"直流短路电流限制"等条件来确定相电抗器的参数。

在目前的变压器制造水平下，某一电压等级的变压器短路阻抗一般都限制在一定的范围内，取大或取小都会导致变压器制造成本的增加。如 500kV 变压器，短路阻抗一般在 10%～22% 之间。实际工程中，一般选择短路阻抗为 15% 的连接变压器。ABB 推荐连接变压器的短路阻抗在交流系统频率为 50Hz 时取 14%，在交流系统频率为 60Hz 时取 17%。

（2）连接电抗器。连接电抗器是柔性直流换流站的一个非常关键的部件，它具有以下功能：

1）决定了换流器的功率输送能力，以及有功功率和无功功率控制。

2）连接电抗器能抑制换流器输出的电流和电压中的开关频率谐波量，以获得期望的基波电流和基波电压，使得连接变压器可以采用普通标准变压器。

3）当系统发生扰动或短路时，可以抑制电流上升率和限制短路电流的峰值。

（3）连接电抗器选型。电抗器在设计的时候可以使用常用规格进行设计，但是为了减少传送到系统侧的谐波，应该使用杂散电容很小的电抗器；为了减小换流器阀每个开关过程产生的高 du/dt 对换流器阀的强应力，应该尽量使用干式空心电抗器，避免使用油浸式电抗器；同时，为了减小高频谐波通过电抗产生的电磁干扰，还需要进行必要的屏蔽。

（4）电感参数选择考虑。在柔性直流输电中，换流器为电压源性质，因此必须通过连接电抗器接入到交流电网中。对于不同的换流器技术，连接电抗器的等效电抗的参数选择方法区别不大，只是对于 MMC 换流器拓扑等效为 $L_c/2$，而两电平或三电平结构则为 L_c。目前大部分工程对电抗率的选择在 8%～20% 之间，认为该值主要取决于具体的换流器结构（包括电平数目）、调制策略、系统短路容量等情况，并主要根据设计者的经验选择参数，然后通过计算或仿真进行校验。对连接电抗器大小对于系统性能的影响一般应考虑以下几点：

1）PCC点谐波畸变。在其他参数确定的情况下，电抗越大，越有利于降低PCC点的谐波电压，也有利于降低流过连接电抗的谐波电流。

2）换流器无功电流输出能力。在其他参数确定的情况下（例如电网电压和直流电压），连接电抗越大，输出容性无功电流的能力越低，这是由输出容性无功时连接电抗上的压降所导致的。也就是说，当交流端口额定电压确定时，连接电抗越大，所需的额定直流电压就越高。

3）桥臂环流。对于MMC换流器，连接电抗越大，桥臂间的环流越小。由于桥臂间环流不是很大时，对MMC换流器的运行并没有明显影响，在设计连接电抗时一般不需特别考虑这方面因素。

4）动态控制性能。一般来说，连接电抗越小，系统的动态响应时间会越小一些。但是连接电抗比较小时，也使换流器的运行容易受到一些扰动的影响，因此从运行稳定性的角度来说，一般连接电抗不宜过小。

除连接电抗的电感参数外，在设计连接电抗时还必须考虑到其电流承受能力。除额定的工频电流外，应用于换流器的连接电抗器还会承受一定的高频谐波电流，这主要是由换流器脉冲控制的谐波电压带来的。高频谐波电流对于电抗器的发热有较大的影响，在设计电抗器时必须根据运行时所可能出现的最大谐波电流值及其对应频率进行专门设计。

另外，在设计连接电抗时，往往将连接变压器漏抗和连接电抗器的电抗和作为一个等效电抗值来考虑。

4. 换流站其他主要设备选择

基于VSC-HVDC输电的运行原理，VSC-HVDC输电可能需要的主要设备除了上述设备外，还应包括开关设备、中性点接地支路、滤波器、直流电抗器及测量装置等设备，下面将对此部分设备的设计思路进行阐述。

（1）开关设备选择。

1）直流断路器选型考虑。LCC-HVDC输电所采用的直流断路器主要有无源型叠加振荡电流型式和有源型叠加振荡电流型式。叠加振荡电流型式的直流断路器一般都是由三部分构成：①转换开关，可以采用少油断路器或SF₆断路器等；②振荡回路，通常采用LC振荡回路；③耗能元件，一般使用金属氧化物避雷器。振荡回路产生的振荡电流叠加到电弧电流上制造过零点，耗能元件吸收直流电流过零时回路中储存的能量。

在VSC-HVDC输电系统中，对直流断路器的要求依换流器拓扑的不同而不同。对于换流器阀起开关作用的VSC-HVDC输电系统，如两电平VSC-HVDC输电系统，直流断路器的作用是切除故障点，保护续流二极管，直流线路发生暂时故障时阻止直流电容快速放电；对于换流器阀起电压源作用的VSC-HVDC输电系统，如模块化多电平直流输电系统，换流器阀闭锁后子模块电容没有放电通路，续流二极管有晶闸管保护，直流侧不需要断路器。鉴于直流断路器的上述作用，它必须在几个毫秒内切断故障电流，因此LCC-HVDC输电采用的直流断路器不适用于VSC-HVDC输电。

VSC-HVDC输电用直流断路器可以采用基于IGBT的快速开关，本质上与换流器阀结构相同，由一个或几个阀层组成，串联在直流线路中，接受控制保护系统发出的命令，快速切断故障电流。在 ABB 的试验工程赫尔斯扬工程（Hellsjon，直流电压±10kV，直流电流 150A）中即采用了基于 IGBT 的快速直流断路器。

由于目前受到技术方面的限制，直流断路器在实际工程中尚无应用，但各大设备厂家已经将直流断路器作为主力科研攻关方向，不断出现技术突破。ABB 公司于 2012 年成功研制"混合式高压直流断路器"，攻克了直流断路器领域的难题，以此为理论依据开展产品的研发，并计划将产品应用于示范工程中。"混合式高压直流断路器"同时采用了传统的开关技术和半导体器件，既解决了纯机械高压直流断路器开关速度慢的缺点，又解决了基于半导体高压直流断路器传导损耗较大的缺点。在此之后，各大设备厂商相继在高压直流断路器领域的研究取得进展，相信无需过多时日，技术成熟的直流断路器将陆续出现于各项工程中。

2）交流断路器选型考虑。交流侧断路器及开关设备是从交流系统进入 VSC - HVDC 输电系统的入口，其主要功能是连接或断开 VSC - HVDC 输电系统和交流系统之间的联系。

由于 VSC - HVDC 输电系统在启动时由交流系统通过换流器中的二极管向直流侧电容进行充电，此时相当于一个不控整流电路。由于换流器直流侧电容器容量较大，而且各滤波器组中也都含有电容器，因此在断路器闭合时相当于向一个容性回路送电过程，在各个电容器上可能会产生较大的冲击电流及暂态恢复电压。所以在 VSC - HVDC 输电系统的启动过程中，需要加装一个缓冲电路。通常考虑在断路器上设置一个启动电阻，这个电阻可以降低电容的充电电流，减小 VSC - HVDC 输电系统上电时对交流系统造成的扰动和对换流器阀上二极管的应力。具体的电路示意图如图 5 - 28 所示。当系统进行启动时，在 t_1 时刻先合上断路器 QF_1，经过一定的延迟时间到达 t_2 后，再合上断路器 QF_2，此时电阻 R 就被旁路掉了，开关 QF_1 也随之断开，直流充电过程结束。

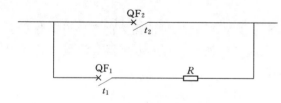

图 5 - 28　带启动缓冲电阻的断路器

此外，VSC - HVDC 输电系统运行在 STATCOM 状态下，交流电流为纯电容或电感电流。GB 1984—2014《高压交流断路器》对 110～500kV 断路器的容性电流开断能力要求为 400A，根据国内外断路器厂家，一般厂家的型式试验报告均按此要求进行产品试验，同时表示国家标准对该要求的设定主要考虑试验条件的限制，实际上断路器的容性开断能力要大于该值。关于交流断路器容性电流开断能力，在具体工程设计中需加以注意。

（2）中性点接地支路。中性点接地支路为直流线路提供对地电位参考点，中性点可以直接接地，也可以通过接地支路接地。接地支路可以由电抗器、电容器、电阻器、避雷器和接地极组成。对于两电平或三电平 VSC - HVDC 输电系统，两极输电系统的接地支路通常由直流电容支路的中点引出，单极输电系统通常可以从任意一个直流端子引出。对于 MMC 结构的 VSC - HVDC 输电系统，直流侧没有明显接地点，一般可以用两种方法设置接地点：①在直流侧单独设置直流平衡电阻或电容提供直流中性点；②可以在连接变压器二次侧接地。工程中具体选择哪种方案要通过技术经济分析来确定。如美国 Trans Bay Cable 工程中，采用在连接变压器二次侧出口单独设置接地支路；上海南汇工程则采用 Dyn 绕组的变压器，在变压器二次绕组接地。

（3）滤波器。

1）交流滤波器。基于换流器拓扑结构的选择和交流系统电网的情况，可能需要配置交流滤波器来阻止 VSC 产生的高频谐波注入交流系统，或者用来阻止交流系统背景谐波的放大。

和 LCC - HVDC 输电一样，VSC - HVDC 输电中的交流滤波器也会产生一定的副作用，如滤波器需要消耗工频无功，在设计整个 VSC - HVDC 输电系统 P - Q 运行范围时，被滤波器消耗掉的无功应予以考虑。滤波器及其相关的断路器设计与 LCC - HVDC、FACTS 的原则是一致的。

2）无线电干扰滤波器。无线电干扰滤波器将注入交流电网的无线电干扰波降低到可以接受的范围。该谐波的计算需要对换流站布置进行详细分析，包括换流站功率设备、母线、接地装置等的结构和几何形状。电流和电压在换流过程中的波形都对无线电干扰产生影响。无线电干扰滤波器的设计原则与传统 LCC - HVDC、FACTS 基本一致。

（4）直流侧电抗器。

1）直流电抗器选型。当输电距离比较长时，直流线路上通常要串联一个直流电抗器用来削减直流线路上的谐波电流，消除直流线路上的谐振。当设计直流电抗器时也要考虑它带来的负面影响，由于直流电压基本固定，输电功率的改变主要依赖于直流电流，因此直流电流改变的快慢直接影响到系统的动态特性，而直流电抗器会阻碍电流快速变化。电压源控制直流输电系统中使用的直流电抗器要比常规直流中的平波电抗器小得多，但设计方法是类似的。

2）共模抑制电抗器选型。换流站的谐波在流入双极长距离直流输电线路时会分成差模和共模电流，由于差模电流产生的磁场可以在两条距离很近的导线内互相抵消，因此由其产生的电磁干扰影响很小，可以忽略不计。但共模电流会对直流线路附件的通信产生很大的干扰，因此需要装设共模抑制电抗器。共模抑制电抗器由两个互相耦合的电感组成，对于共模电流来说相当于一个高阻抗，以达到对共模电流进行抑制的目的。

（5）测量装置。为实现对 VSC - HVDC 输电系统的调节、控制、保护等功能，需要取得可靠的系统数据，所以必须在换流站中设置相应的测量装置，以准确、高速地获取所需要的各种信号。这些信号可能会包括换流站交流侧的电压、电流和频率，换流站直流侧的电压和电流，换流器阀中的控制信号等。

交流侧的信号可以使用常规的交流系统测量装置，只是在选用时需要注意在换流站中的特殊要求，比如可能会受到的谐波影响。以下分析直流系统测量装置。

1）直流电流互感器。对直流电流互感器，主要需要关注输出电路与被测电路之间要有足够的绝缘强度、抗电磁干扰性能强、测量精度高和响应时间快等特点。可以分为电磁式和光电式两种。

电磁式直流电流互感器又分为串联和并联两个类型，这两种类型都是以磁放大器为基础。其主要组成部分都为饱和电抗器、辅助交流电源、整流电路和负荷电阻等。由于电抗器磁芯材料的矩形系数很高，矫磁力较小，当主回路直流电流变化时，将在负荷电阻上得到与一次电流成正比例的二次直流信号。

光电式直流电流互感器通常的组成部分包括：①高精度分流器（可以是分流电阻或罗科夫斯基线圈），将较高的电压按照一定比例转换成较低的电压；②光电模块，实现被测信号的模数转换及数据发送；③信号传输光纤，用来传输数字信号；④光接口模块，用于接收光纤传输的数字信号，并通过模块中的处理器芯片处理后送至相应的控制保护装置。

光电式直流电流互感器与电磁式直流电流互感器相比最大的优点是对绝缘水平要求小，电子回路比较简单，可以有效地减小闪络故障和电磁干扰，同时也降低了成本。缺点是响应速度相对较慢。

2）直流电压互感器。直流电压互感器按原理分为直流电流互感器型和电阻分压器型两种。

使用直流电流互感器原理的直流电压互感器是在直流电流互感器的一次绕组串接一个高压电阻，这个电阻要求温度系数很小，以减小一次绕组电阻的温度变化对整个一次电路总电阻值的影响，同时也可以减小一次回路的时间常数。

使用电阻分压器原理的直流电压互感器一般是使用电阻构成直流分压回路，然后将分压器的电压经放大后即可以获得与直流电压成比例的电压输出。若要求响应时间较快，可以采用阻容型分压器。由于分压器的电阻很大，很容易受到杂散电容的影响，所以必须要加装屏蔽或补偿电容。

5.2.2.5　过电压及绝缘配合

1. 避雷器配置原则

柔性直流换流站避雷器配置原则与普通高压直流换流站的避雷器配置原则相同，即交流侧产生的过电压应由交流侧避雷器限制，直流侧产生的过电压应由直流侧避雷器限制，重要设备应由与之直接并联的避雷器保护。因直流电容器分散安装于各相换流阀组中且IGBT 并联有反向二极管，对换流阀过电压有强烈的抑制作用，故阀厅内不再配置避雷器。

直流开关场中，考虑在直流母线处并联直流极母线避雷器，并在直流极线进线处安装DL 型线路避雷器以限制由线路传播过来的内部过电压和外部过电压。

交流场避雷器配置分别按照普通相应电压等级海上变电站的标准设计进行。

2. 系统过电压校核

系统过电压校核应选取最严重的工况分析装设避雷器之后的过电压情况。

对于换流站交流侧内部过电压，选取交流母线三相短路故障。对于直流线路，以全线电缆为例，选取故障时健全极过电压最高的故障点。

3. 绝缘配合裕度要求

DL/T 620—1997《交流电气装置的过电压保护和绝缘配合》中指出，选取绝缘配合裕度系数 K_c 时应考虑到下列因素：①绝缘类型及其特性；②性能指标；③过电压幅值及分布特性；④大气条件；⑤设备生产、装配中的分散性及安装质量；⑥绝缘在预期寿命期间的老化，试验条件及其他未知因素。

对于雷电冲击，根据我国情况，一般取 $K_c \geqslant 1.4$；对于操作冲击，一般取 $K_c \geqslant 1.15$。

IEC 60071-2—1996《绝缘配合 第 2 部分：应用指南》规定高压直流换流站的绝缘配合裕度，即绝缘耐受电压与冲击保护水平比值见表 5-7。

表 5-7 IEC 60071-2 要求的绝缘耐受电压与冲击保护水平指导性比值

设 备 类 型		RSIWV/SIPL	RLIWV/LIPL	RSFIWV/STIPL
交流开关场（包括母线，户外绝缘子和其他常用设备）		1.20	1.25	1.25
交流滤波器元件		1.15	1.25	1.25
换流变压器（油绝缘设备）	线路侧	1.20	1.25	1.25
	换流阀侧	1.15	1.20	1.25
换流阀		1.15	1.15	1.20
直流阀厅设备		1.15	1.15	1.25
直流开关场设备（户外，包括直流滤波器和平波电抗器）		1.15	1.20	1.25

注 1. RSIWV 为要求的操作冲击耐受电压；SIPL 为操作冲击保护水平；RLIWV 为要求的雷电冲击耐受电压；LIPL 为雷电冲击保护水平；RSFIWV 为要求的陡波前冲击耐受电压；STIPL 为陡波前冲击保护水平，用于阀避雷器。

2. 配合系数仅适用于由紧靠的避雷器直接保护的设备。

3. 本表用于一般设计的指导性比值，最终比值（增加或减小）可根据性能指标选择。

目前国内±500kV 换流站绝缘配合研究均在表 5-7 的基础上开展，但提高了直流开关场设备的操作/雷电/陡波比值为 1.20/1.25/1.25，只有阀避雷器的比值仍保持 1.15/1.15/1.25。

根据交流系统的绝缘配合的经验，即电压等级越高绝缘配合裕度越低，因此，在选择绝缘配合裕度时，交流侧按照相应电压等级交流变电站标准设计配置，直流侧按照绝缘裕度大于 500kV 直流换流站的水平设计。

4. 设备绝缘水平

GB 311.1—2012《绝缘配合 第 1 部分：定义、原则和规范》规定了额定冲击耐受电压标准值（峰值，kV）分别为 20、40、60、75、95、125、145、170、185、200、250、325、380、450、550、650、750、850、950、1050、1175、1300、1425、1550、1675、1800、1950、2100、2250、2400、2550、2700、2900、3100。选择设备绝缘水平需要在避雷器保护水平基础上，乘以绝缘配合裕度系数 K_c，之后再选取不小于此值的额定冲击耐受电压标准值。

根据对柔性直流换流站配置保护避雷器后针对换流站内部过电压和外部过电压仿真计算，可以确定设备最高过电压和避雷器保护水平，以此为依据进行换流站设备绝缘水平的选取。

（1）直流侧设备绝缘水平。以直流母线电压±150kV 为例，直流极母线设备在安装避雷器保护后，内部过电压最严重的工况是直流线路永久性接地故障（持续时间大于10ms），其避雷器最大应力为 264kV/1kA/2MJ，则：

1）SIPL=264kV，配合电流 1kA，绝缘配合裕度系数取 1.20，则 RSIWV=317kV，取 650kV。

2）LIPL＝319kV，配合电流 10kA，绝缘配合裕度系数取 1.25，则 RLIWV＝399kV，取 850kV。

即±150kV 极线设备对地操作/雷电冲击绝缘水平均取 650kV/850kV，由阀顶到联结变压器端对端绝缘水平也取此数值。

（2）交流侧设备绝缘水平。交流侧绝缘水平的选择与计算参见 5.2.1.4 中"设备绝缘配合"。

5.2.2.6　二次系统方案

海上换流站二次系统设计相对于传统陆上风电场换流站具有一定的不同，主要体现的方面与海上变电站二次系统方案相同，见 5.2.1.5 节。

1. 计算机监控系统

海上换流站计算机监控系统，按照"无人值班，无人值守"原则设计，实现站内设备数据采集与处理、监视和报警、控制与操作。

海上换流站内计算机监控系统按双重化原则配置。

（1）系统设备配置。海上换流站计算机监控系统的主要配置如下：

1）站控层设备，包括系统服务器、文件服务器、磁盘阵列、运行人员工作站、工程师工作站、文档工作站等。

2）间隔层设备，包括换流站内测控单元和智能设备等。

3）网络设备，包括网络交换机、光/电转换器、接口设备、网络线缆及网络安全设备等。

4）接口设备，包括与远方控制中心的接口设备及与站内其他辅助控制系统接口设备。与远方控制中心的接口设备一般指远动工作站，在海上换流站中双套配置，实现与远方调度的通信。其与站用辅助电源、阀冷控制保护系统及辅助控制系统接口设备（一般指规约转换装置）在海上换流站中双套配置，实现站用辅助电源、阀冷控制保护系统及辅助控制系统的信息采集接入海上换流站监控系统中。

（2）主要功能。海上换流站计算机监控系统主要有以下功能：

1）运行人员控制功能。包括柔性直流系统的正常启动/停运控制、柔性直流系统的状态控制、运行过程中的运行人员的控制、故障时的运行人员控制、海上换流站内主设备及其辅助系统的操作控制、直流系统的试验操作控制、交流系统的操作控制、运行工况的打印输出功能、运行报表定时自动生成等。

2）数据采集与处理功能。采集到的数据经处理可实现设备异常及越限报警，事故追忆及事件顺序记录等功能。

3）监视功能。其监视系统可分为远方监视、继电器室就地监视。

2. 直流控制系统

直流控制系统是柔性直流输电系统的核心，直流控制系统的控制性能将直接决定直流系统的各种响应特性以及直流电压和传输功率的稳定性。

（1）分层设计。直流控制系统一般按 4 个层次设计，按其功能由高至低依次为系统级控制、换流站级控制、换流器级控制及换流阀级控制，如图 5－29 所示。

1）系统级控制。系统级控制主要完成站间的监视与协调控制和交-直流系统的协调控

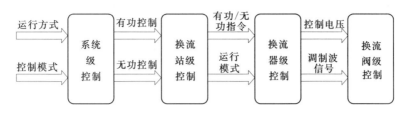

图 5-29 柔性直流分层控制原理

制。系统级控制能保证在各种运行方式下各换流站的协调运行，以确保风电场功率的正常输送以及各类暂稳态控制目标满足设计要求；同时在各种运行方式下，确保各换流站具备正常的启停能力，能在停运到运行不同状态之间平稳过渡。

2）换流站级控制。换流站级控制接收调度端或系统级控制层发送的有功/无功指令、系统运行方式指令及启停控制指令等，对换流站进行监视和控制，同时对站内的控制保护及辅助系统下发控制指令。

换流站主要的控制模式是功率控制，按其功能性质可以分为以下类型：

a. 有功综合控制功能。能够灵活地控制柔性直流输电系统的有功功率以满足风电输送的需求，并且在交流输电线路过载时提供直流紧急功率抬升，提升交直流并联运行的故障穿越能力。

b. 无功综合控制功能。能够灵活地控制柔性直流输电系统的无功功率以满足稳态调压、暂态电压需求，提供无功支撑、防止电压崩溃、加速故障后电压恢复。

c. VF 综合控制功能。能够在孤岛模式下为风电场提供并网接口，并且在受端电网故障时，通过控制风场并网点的交流电压快速地降低风电场功率，提升纯直流方式的故障穿越能力。

d. 直流电压控制功能。能够灵活地控制柔性直流输电系统的直流电压，维持启停过程、暂稳态过程中直流网络电压的稳定，保障柔性直流输电系统的安全稳定运行。

e. 控制模式的选择和切换功能。协调和管理各种功率控制功能，保证换流器的控制模式和柔性直流输电系统的运行方式相匹配且能够平滑切换。

3）换流器级控制。换流器级控制接收换流站级控制层的控制模式指令，完成有功控制、无功控制和电流控制，生成各个换流阀控制电压或调制波信号。

换流器级控制主要完成下述控制和操作：①定有功功率或定直流电压控制；②定无功功率控制；③孤岛情况下电压频率控制；④电流控制。

当换流器交流侧连接到交流电网时，控制器结构上分为外环和内环结构，外环包括有功、无功、直流电压控制，跟踪上级发来的指令信号，完成①、②的控制功能；电流控制为内环，跟踪外环计算获得的电流指令，完成④的控制功能。当换流器交流侧只连接风电和无源负载时，控制器执行上级发来的电压幅值和频率指令，完成③的控制功能，为交流侧供电。

4）换流阀级控制。换流阀级控制实现控制脉冲发生、阀层子模块投切、模块电容电压平衡控制、桥臂环流控制、对子模块的状态进行监测并上报至直流控制层的监控单元。其主要包括以下功能：①产生驱动功率模块内 IGBT 的触发脉冲；②监测功率模块内部电容电压、模块温度及其控制电路的工作状态；③负责冗余的功率模块在故障状态下的切换；④在严重故障如正负极双极短路情况下，通过功率模块内的旁路开关和晶闸管对其进行保护；⑤负责阀控系统的自检。

（2）系统配置。柔性直流输电的控制系统按照冗余原则设计。冗余的范围从测量二次线圈开始包括完整的测量回路、信号输入回路、信号输出回路、通信回路、主机和所有相关的直流控制装置，直流控制系统与阀控系统的接口都要按冗余化的原则配置控制装置。

控制系统的冗余设计保证当一个系统出现故障时，不会通过信号交换接口，以及装置的电源等将故障传播到另一个系统，确保 VSC - HVDC 输电系统不会因为控制系统的单重故障而发生停运。

主要的设备包括直流控制 A/B 屏、直流测控接口 A/B 屏、阀级控制保护监视 A/B 屏等。

直流控制系统与换流站计算机监控系统通信物理介质为以太网，直流控制保护系统与阀控系统的通信物理介质为光纤。

3. 直流保护系统

（1）保护配置原则。柔性直流输电系统的保护配置来源于交流系统的保护配置原则，并结合自己的特点，主要有以下几个方面：

1）可靠性。保护装置一般采用冗余配置，每套冗余配置的保护完全一样，有自己独立的硬件设备，包括专用电源、主机、输入/输出回路和直流保护全部功能软件，避免因保护装置本身故障而引起的主设备或系统停运。

2）灵敏性。保护的配置应能够检测到所有可能的、致使直流系统及设备处于危险情况的、对于系统运行来说不可以接受的故障以及异常运行情况，因此柔性直流保护采用分区重叠，没有遗漏，没有死区，每一区域或设备至少采用相同原理的双主双备保护或不同原理的一主一备保护配置。

3）选择性。VSC - HVDC 输电系统保护分区配置，每个区域或设备至少有一个选择性强的主保护，处于故障识别状态；可以根据需要退出和投入部分保护功能，而不影响系统安全运行；任何区域或设备发生故障时，直流保护系统中应最先动作该区域或设备相应的保护功能；保护不依赖于两端换流站之间的通信，必须采取措施避免一端换流器故障时引起另一端换流器的保护动作。

4）快速性。充分利用 VSC - HVDC 输电控制系统，以尽可能快的速度停运、隔离故障系统或设备，保证系统和设备的安全。保护措施包括紧急移相、封锁触发脉冲、跳交流侧开关等。

5）可控性。通过控制系统控制故障电压、电流等运行参数的方法，来减轻各种故障对设备的危害程度。

6）安全性。保护既不能拒动，也不能误动。为了保证设备和人身安全，在不能兼顾防止保护误动和拒动时，保护及跳闸回路的配置宁可误动也不可拒动。跳闸回路应为独立的双跳闸线圈、双操作电源。

7）可维护性。各种 VSC - HVDC 输电系统保护功能的参数应便于调整，保护的配置应该考虑到装置试验和维护时不会影响到被保护的系统运行。

（2）保护区域的划分。与 LCC‐HVDC 输电相似，VSC‐HVDC 输电系统的保护配置原则采取分区配置，海上换流站保护可划分为 4 个保护区域，分别为交流区、交流母线区、换流器区及直流极区。

1）交流区包括连接变压器至交流侧断路器区域。

2）交流母线（或称启动回路保护）区包括换流变压器阀侧套管至桥臂电抗器电网侧区域。

3）换流器区包括桥臂电抗器电网侧至阀厅极线侧直流穿墙套管区域。

4）直流极区包括阀厅极线侧直流电流互感器至直流线路所有直流设备（包括平波电抗器、直流线路）。

（3）保护配置。

1）交流区保护。交流区保护主要包括连接变压器保护及交流断路器失灵保护。

连接变压器保护与常规交流保护类似，交流断路器失灵保护的失灵判据与常规交流保护不同：在 VSC‐HVDC 海上换流站交流区域采用传统断路器失灵保护装置实现断路器失灵远跳上级断路器的功能，判据为交流保护装置保护动作及电网侧电流；直流区域的直流保护装置、站级控制装置、直流极保护装置通过增加带保护装置保护动作及电压判据的跳闸出口启动远跳接口装置直接远跳上级断路器。本方案通过交流区域及直流区域保护装置的相互配合，在断路器失灵的情况下，能无死角启动远跳接口装置跳闸，实现对海上换流站内昂贵设备的保护。

2）交流母线区。交流母线区保护配置见表 5-8。

表 5-8　交流母线区保护配置列表

保 护 名 称	反 应 的 故 障 类 型
启动回路差动保护	当直流系统充电或是直流系统正常运行时，启动回路或其旁路回路接地及相间故障
交流连接母线过流保护	短路故障导致的过流
交流过电压保护	由于交流系统异常引起交流电压过高
交流低电压保护	交流低电压
交流连接母线接地保护	换流变压器阀侧绕组到换流阀之间的区域接地
启动回路热过载保护	启动过程中启动电阻过热

3）换流器区。换流器区保护配置见表 5-9。

表 5-9　换流器区保护配置列表

保 护 名 称	反 应 的 故 障 类 型
桥臂过流保护	检测换流阀的接地、短路故障，以及换流阀器过载
桥臂差动保护	桥臂低压侧接地故障、桥臂低压侧相间故障、换流器区极对地故障、换流器区极间故障、桥臂阀组接地故障、桥臂阀组相间故障或极间故障

保护名称	反应的故障类型
阀直流过流保护	直流电流过大
桥臂电抗器差动保护	桥臂电抗器接地故障、桥臂电抗器相间故障
桥臂电抗器谐波保护	桥臂电抗器匝间故障

4）直流极区。直流极区保护配置见表5-10。

表5-10 直流极区保护配置列表

保护名称	反应的故障类型
直流电压不平衡保护	直流极、直流线路接地故障
直流低电压保护	直流低电压且在无通信状态下海上换流站无法自动停运的故障
直流过电压保护	控制异常、分接头操作错误、雷击、直流极接地故障、直流极线开路等造成的过电压
直流场区接地过流保护	全站单点接地故障
交直流碰线保护	交直流碰线故障

4. 控制电源

（1）直流系统。海上换流站设置一套直流系统用于向站内一次、二次及通信设备提供直流电源。由于海上换流站离岸距离远，事故修复时间长，全站事故停电时间按4h考虑。

海上换流站直流系统采用两段母线接线，两段母线之间设联络开关，每段母线各带一套充电装置和一组蓄电池。直流母线采用阻燃绝缘铜母线，各馈线开关均选用小型自动空气断路器，短路跳闸发报警信号。直流馈电屏上装设微机绝缘在线监测及接地故障定位装置，自动监测各电缆直流绝缘情况，发出接地信号，指出接地电缆编号。直流系统还配有电池监测装置、系统监控单元，并能通过以太网口与站内变电站自动化系统通信，达到远方监控的目的。

（2）交流不间断电源。海上换流站配置一套交流不间断电源系统（UPS），由UPS供电的设备包括计算机型控制系统设备、火灾报警系统主机、调度数据网交换机及二次安全防护设备、五防工作站等不能中断供电电源的重要生产设备。海上换流站遥视系统主机、交换机及路由器可接入UPS，遥视系统其他设备不接入UPS。每套UPS包括整流器、逆变器、静态切换开关以及旁路系统。

海上换流站UPS各选用两套逆变电源，采用双机双母线带母联运行接线方式。UPS不配单独的蓄电池，直流电源采用站内的110V直流系统，每套UPS均具全容量，当交流供电中断时，UPS能保证4h事故供电。

5. 视频环境监控系统

海上换流站设置一套视频及环境监控系统，包括多台现场摄像机及附件、监视控制器、图像监视器CCTV、温湿度传感器、水浸探头以及配套电缆等全套设备。其中现场摄像机采用高速、中速一体化球形摄像机和固定摄像机，图像监视器采用彩色监视器。

监视区域包括连接变压器、阀厅、阀电抗器室、HGIS室，阀冷设备室、交直流开关场、继电器室、通信室、水泵房、海上换流站大门等重要区域。

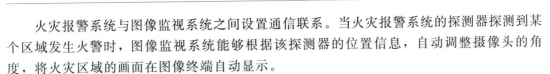

火灾报警系统与图像监视系统之间设置通信联系。当火灾报警系统的探测器探测到某个区域发生火警时，图像监视系统能够根据该探测器的位置信息，自动调整摄像头的角度，将火灾区域的画面在图像终端自动显示。

6. 火灾报警系统

海上换流站设置一套火灾报警系统，用于实现对站内各重要设备的火灾报警，并能自动和手动启动相关消防设备，确保运行人员能及时了解火灾情况，迅速采取消防、灭火措施，有效地减小火灾影响范围，遵循国家消防标准 GB 50229—2006《火力发电厂及变电所防火设计规范》和 GB 50116—2013《火灾自动报警系统设计规范》。

继电器室内设置火灾报警主机实现监视、报警、消防联动控制等功能，并与控制保护系统及计算机监控系统进行通信和接口。运行人员可在计算机监控系统上监视火灾报警信息。同时在继电器室、配电室、通信机房、阀厅、连接变压器室、备品备件库、站内水泵房等处均设有各种火灾探测器、手动报警装置以及灭火控制器，并可分区设置区域火灾控制显示器。其中火灾探测器根据不同的场地环境，可采用感烟型探测器、火焰探测器、感温电缆等。灭火控制器可根据火灾报警信号或控制器传来的控制信号自动启动消防联动控制设备进行灭火。

阀厅内采用吸气式火灾探测器，并设置红外火焰和紫外线检测对射探测器作为后备。吸气式火灾探测器通过检测空气中粒子判断是否有早期火灾现象，为迅速发现和扑灭早期火灾提供条件。当多个探测区域发出告警信号时，将闭锁、隔离换流阀，并将自动关闭阀厅空气处理系统的送回风机，确认火灾扑灭且不能复燃后，打开排烟风机进行排烟。

继电器室、通信设备室等采吸气式火灾探测器与感烟型探测器；其他房间包括蓄电池室、配电室等采用离子烟雾探测器或光学感烟探测器；控制楼内的电缆竖井及沟道采用离子型烟雾探测器，同时配置消防联动接口。

连接变压器采用感温电缆，布置在设备周围，同时，瓦斯动作信号将与探测报警回路联锁，所有告警信号接入中央报警屏并联动连接变压器水喷雾消防系统。

电缆间内采用离子烟雾探测器，探测器动作后向中央报警屏发送相应的告警信号，并配置消防联动接口。

站内消防分区设置，并根据不同的被保护对象，采取相应的消防设施：连接变压器采用水喷雾消防系统；其余地方采用消火栓，消火栓设置在走廊及阀厅的入口处。

火灾报警系统要求具有高灵敏度、高可靠性、低误报率和误动率，联动消防系统安全可靠。

7. 在线监测系统

（1）连接变压器油中溶解气体在线监测系统。海上换流站连接变压器各配置一套油中溶解气体在线监测系统。系统一般由油气分离单元、气体检测单元、数据采集和控制数据处理单元以及辅助单元等组成。当变压器带电运行时，可用于对变压器全部绝缘油中溶解特征气体含量进行连续监测，也可按要求以较短的周期进行定时在线检测。

海上换流站配置一套综合数据处理装置，通过综合业务数据网接至地调变压器油中溶解气体在线监测系统主站，并能提供远期其他在线监测系统接入的接口。

（2）避雷器动作计数远传系统。海上换流站阀厅与直流线路上所有避雷器的动作次数需远传到海上换流站的计算机监控系统。

避雷器现场的计数器（信号转换及传输装置）采用电流感应方式获取避雷器的动作信号，在现场显示避雷器动作计数的同时，将避雷器动作信号转换为有效的光信号。每一个避雷器动作次数的光信号通过光纤接入避雷器动作计数信号接收装置，避雷器动作计数远传系统经数据处理后实时记录各路避雷器的新增动作记（带时间），同时将数据通过RS485 接口输出到综合数据处理单元，避雷器动作次数经综合数据处理单元通过网络形式接入二次安防的非控制区交换机上送监控系统。

8. 二次系统设备布置

海上换流站二次控制保护设备采用集中布置方式，共设 1 个主控制台、1 个继电器室、2 个蓄电池室和 1 个阀冷设备间。

（1）主控制台。用于放置运行人员工作站、工程师工作站、文档管理工作站、远动工作站、集控系统工作站、视频及环境监控系统后台。

（2）继电器室。用于放置系统服务器屏、交直流控制保护、换流阀控制保护、故障录波、计量、直流屏、远动工作站、保信子站屏、视频及环境监控系统、火灾报警系统主机、同步时钟对时系统屏、交流不间断电源屏、二次安全防护屏以及电能采集系统等二次屏柜。

（3）蓄电池室。设置 2 个专用蓄电池室，用于放置 2 组蓄电池。

（4）阀冷设备间。用于放置换流阀冷却系统的控制保护屏柜与动力屏柜。

5.3　海底电缆线路设计

海上风电的送出主要是通过海底电缆线路和陆上线路来实现的，陆上线路包括架空线路和陆地电缆等，其设计已相对成熟，本书重点介绍海底电缆线路的设计。海底电缆线路设计主要包括海底电缆线路路由选择、海底电缆选型、海底电缆接地方式选择和海底电缆敷设与保护等。

5.3.1　海底电缆线路路由选择

海底电缆线路路由的优劣直接决定了海底电缆的安全可靠性，因此路由选择是海底电缆工程设计的重点之一。海底电缆路由选择时，最重要的任务是根据电缆线路的总布局选择登陆点及海域路由。

1. 海底电缆登陆点的选择原则

（1）应远离地震多发带、断裂构造带及工程地质不稳定区，远离易发生火山、海啸和洪水灾害的区域。

（2）应避开红树林海岸、珊瑚礁海岸和基岩海岸，宜选择沙砾质海岸和淤泥质海岸；宜避开岩石裸露地段，选择有一定厚度覆盖土层和便于施工的稳定海岸。

（3）应避开现有及规划中的开发活动热点区，如港口开发区、填海造地区等。

（4）应避开对电缆造成腐蚀损害的化工厂区及严重污染区。

（5）宜避开自然保护区、风景名胜区和浴场等。

（6）宜避开电力电缆、通信海底电缆、石油管道、燃气管道、给排水管等障碍物。

（7）宜选择近海及沿岸没有岩礁、海岸浅滩较短、水深下降较快、工程船只易靠近的海岸；宜选择适合海底电缆尽快垂直登陆的海岸，以减少与海岸线平行敷设长度。

（8）宜选择全年风浪比较平稳，海、潮流比较弱的沿海。

2．海底电缆路由的选择原则

（1）应避开地震火山活动、海底滑坡等地质不稳定区域；应避开大型孤石、裸露的礁石和暗礁等海底自然障碍物；应避开礁石区域和海床地形急剧起伏的区域；应避开海床移动或冲刷剧烈的区域和沙坡区，宜选择水下地形平坦的海域；宜避开潮汐、暗流强烈区域；宜避开海床为基岩的区域。

（2）应充分考虑其他相关部门现有和规划中的各种建设项目的影响；应避开海上的开发活跃区（如港口开发区、规划建设区、填海造地区、海上石油平台等）；应避开强排他性海洋功能海区（如海军训练区或测试区、挖泥作业区、垃圾倾倒区等）；应避开沉船、水下构筑物等障碍物。

（3）应避开水产养殖、渔业捕捞等渔业活动区。对于无法避开的，应采取必要的保护措施。

（4）应避开船舶经常抛锚的水域，远离锚地和繁忙的航道。对于无法避开的航道，应设立禁锚区，并采取必要的海底电缆保护措施和预警措施。

（5）应尽量远离已建其他海底管线，水平间距不宜小于下列数值：①沿海宽阔海域为500m；②海湾等狭窄海域为100m；③海港区内为50m。尽量避免与其他管线交叉，若无法避免则应采取必要的安全措施。

（6）平行敷设的海底电缆严禁交叉、重叠。相邻的海底电缆应保持足够的安全距离，间距不宜小于最大水深的1.2倍，登陆段可适当缩小。

（7）应避开强流大浪区，选择水动力条件较弱的海域。

（8）应远离海底的化学品和重金属污染区域。

5.3.2　海底电缆选型

5.3.2.1　交流海底电缆选型

交流海底电缆的型式选择包括绝缘类型、导体截面、金属护层护套、外护套以及铠装型式等的选择。

1．绝缘类型选择

交流电缆按绝缘类型可分为充油电缆和交联聚乙烯（XLPE）绝缘电缆。目前两种绝缘类型的电缆在国内、外跨海交流输电工程中均有应用。

（1）充油电缆。它采用低损耗牛皮纸或纸层和聚丙烯组成的复合结构（PPLP）作绝缘材料，同时采用低黏度矿物油来浸渍电缆纸绝缘，并在电缆内部设置油道与供油设备相连以保持电缆中油的压力，从而抑制了电缆绝缘内部气隙的产生。充油电缆的重要特点是：当电缆受到外力破坏而发生少量漏油时，不必马上进行停电处理，而只需从补油设备加入一些油，使检测故障点和修理的工作可以适当延后，从而提高联网工程运行的可靠性。充油电缆无论在制造还是使用上，都有一套比较成熟的技术和经验，是世界公认的绝缘性能优良、运行可靠的高压电缆。目前世界上已建的交流超高压跨海联网工程中，如加拿大温哥华 500kV 跨海联网工程、欧洲西班牙—摩洛哥 400kV 跨海联网工程及 500kV 海南联网工程均采用该种型式的电缆。

（2）交联聚乙烯电缆。交联聚乙烯是通过交联工艺，将低密度聚乙烯的长分子链形成三维网状，交联过程是不可逆的，防止了聚合物在高温下熔融。国外交联聚乙烯绝缘电缆从 20 世纪 60 年代开始发展使用，到 70 年代末 80 年代初，制造技术有较大突破，采用三层挤压和导电层、绝缘层共同交联的工艺，使导电层和绝缘层之间形成良好的、均质的和无气隙的结合，较好地解决了交联聚乙烯绝缘中的气泡微孔等影响绝缘性能的问题；选用干式交联工艺及纵向水密封结构，使水树现象得到较好的解决。20 世纪 80 年代初生产并使用了 275kV 交联聚乙烯绝缘电缆，80 年代中期就成功地开发了 500kV 交联聚乙烯绝缘电缆。目前世界上已投运的交联聚乙烯绝缘交流陆缆，电压等级为 10～500kV，受软接头技术影响，目前已投运的交流海底电缆最高电压等级为 400kV。

以上两种绝缘类型电缆的技术性能见表 5-11。

表 5-11 两种绝缘类型电缆技术性能对比表

电缆型式	优 点	缺 点	适 用 范 围
充油电缆	（1）可靠性高。 （2）维护工作量少。 （3）所需备品少。 （4）交、直流电缆可相互使用	（1）敷设安装不方便。 （2）易燃性高，存在油液泄漏风险。 （3）落差和长度受限制。 （4）用于振动场所要采取防振措施	（1）最高运行电压等级分别为 500kV。 （2）最大使用长度 30～60km
交联聚乙烯绝缘电缆	（1）电气性能优越。 （2）耐热性和机械性能良好。 （3）敷设安装方便，环保。 （4）绝缘性能不受弯曲次数影响	（1）挂网运行经验不足。 （2）性能受制造工艺影响较大	交流海底电缆最高运行电压等级 400kV

注　表中的电压等级均为目前已投入运行的输电工程最高电压等级。

充油电缆具有可靠性高、机械性能好的优点，但敷设安装不便、易燃、不环保，一旦发生漏油，将对周边海域生态环境造成较大影响，且受油压限制线路长度有限。交联聚乙烯绝缘电缆具有电气性能好、机械强度高、安装敷设和运行维护方便以及环保等特点，目前海上风电大多选用交联聚乙烯绝缘电缆。

2. 导体截面选择

导体截面选择的原则为：①电缆长期容许电流应满足持续工作电流的要求；②短路时应满足短路热稳定的要求；③根据电缆长度，如有必要应进行电压降校核。

因电缆对地电容很大，其对地充电电流远大于一般架空输电线路，因此，对于长距离线路电缆，两端必须装设高压并联电抗器对电缆电容电流进行补偿，以改善电缆中电容电流的分布。

载流量计算需要考虑绝缘、金属护套、铠装层损耗以及电缆内衬层、外护层、周围媒质热阻、环境温度等方面的影响。电缆长期允许电流的计算采用 IEC 60287《电缆额定电

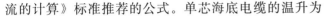

流的计算》标准推荐的公式。单芯海底电缆的温升为

$$\Delta\theta_c = (I^2 R + 0.5 W_d) T_1 + [I^2 R(1+\lambda_1) + W_d] T_2$$
$$+ [I^2 R(1+\lambda_1+\lambda_2) + W_d](T_3 + T_4) \tag{5-2}$$

根据温升公式可推导出额定载流量为

$$I = \left\{ \frac{\Delta\theta_c - W_d[0.5 T_1 + (T_2 + T_3 + T_4)]}{R T_1 + R(1+\lambda_1) T_2 + R(1+\lambda_1+\lambda_2)(T_3 + T_4)} \right\}^{0.5} \tag{5-3}$$

式中　$\Delta\theta_c$——高于环境温度的导体温升，℃，$\Delta\theta_c = \theta_c - \theta_0$；

　　　θ_c——导体工作温度，℃；

　　　θ_0——环境温度，℃；

　　　I——一根导体中流过的电流，A；

　　　R——最高工作温度下导体单位长度的交流电阻，Ω/m；

　　　W_d——导体绝缘单位长度的介质损耗，W/m；

　　　T_1——一根导体和金属套之间单位长度热阻，$K \cdot m/W$；

　　　T_2——金属套和铠装之间内衬层单位长度热阻，$K \cdot m/W$；

　　　T_3——电缆外护层单位长度热阻，$K \cdot m/W$；

　　　T_4——电缆表面和周围介质之间单位长度热阻，$K \cdot m/W$；

　　　λ_1——电缆金属套损耗相对于所有导体总损耗的比率；

　　　λ_2——电缆铠装损耗相对于所有导体总损耗的比率。

海底电缆线路如发生短路故障，线芯中通过的电流可能为额定值的几十倍，但短路电流作用的时间很短。按照 IEC 中"考虑非绝热效应的允许短路电流计算"计算绝热短路电流，在任何起始温度下，绝热的温升短路电流计算公式如下，并据此校核所选截面的电缆是否满足短路热稳定的要求

$$I_{AD} = KS \sqrt{\frac{\ln\left(\frac{\theta_f + \beta}{\theta_i + \beta}\right)}{t}} \tag{5-4}$$

式中　K——取决于导体材料的常数；

　　　S——导体几何截面；

　　　t——短路持续时间；

　　　θ_f——最终温度；

　　　θ_i——起始温度；

　　　β——0℃时导体电阻温度系数的倒数。

一般来说，电缆的阻抗很小，对于不太长的电缆，其电压损失不会构成电缆截面选择的制约条件。

3. 金属护套选择

电缆的金属护套除了屏蔽电磁场和泄流漏电流之外，还起着阻水、防潮气的作用。铅护套密封性能好，可以防止水分或潮气进入电缆绝缘；熔点低，可以在较低温度下挤压到电缆绝缘外层，耐腐蚀性较好；弯曲性能较好。故海底电缆一般采用铅护套。铅护套为松紧适当的无缝铅管，材质应符合 JB/T 5268.2—2011《电缆金属套　第 2 部分：铅套》中

的要求，其标称厚度为

$$\Delta = 0.03D + 1.1 \qquad (5-5)$$

式中　D——铅套前假定直径。

金属护套的绝热温升短路电流计算公式见式（5-4）。

4. 外护套选择

在金属护套外须挤包外护套，其主要作用为抗压、防水、防潮及机械保护。另外，当电缆遭受短路和过电压冲击时，外护套应能耐受由此所产生的感应电压。当电缆遭受短路和过电压冲击时，金属护套中会出现较高的冲击感应过电压，且线路越长过电压幅值越高，当线路达到一定长度时，电缆外护套可能会因冲击感应过电压过大而击穿。

金属护套中可能会出现的冲击感应过电压可采用电容耦合法（Rusck－Uhlman 公式）进行计算，即

$$U_{23} = U_{tr} \frac{C_{12}}{C_{12} + C_{23}} \left[1 - e^{(-\beta x)} \right] \qquad (5-6)$$

$$\beta = \frac{v R_S (C_{12} + C_{23})}{2} \qquad (5-7)$$

式中　U_{tr}——过电压侵入波的幅值，kV；

　　　C_{12}——电缆线芯对金属护套的电容，F/km；

　　　C_{23}——金属护套对铠装层的电容，F/km；

　　　β——传播距离，km；

　　　v——过电压侵入波在海底电缆中的波速，km/s；

　　　R_S——金属护套的电阻，Ω/km。

对于短距离海底电缆，若金属护套中冲击感应过电压不会对外护套构成威胁时，可选用聚乙烯（PE）外护套；但当海底电缆较长，金属护套中冲击感应过电压过大时，宜选用添加炭黑的半导电聚乙烯作为外护套，该种护套为内层的金属护套和外层铠装提供了等电位连接，从而降低了金属护套上的感应电压。

5. 铠装型式选择

铠装是海底电缆至关重要的结构元件，能够维持张力的稳定性并提供机械保护。海底电缆在安装过程中经受张力的作用，张力不仅来自于悬挂海底电缆的重量，还包括敷设船垂直运动产生的附件动态力，安装过程中的合力会远大于海底电缆垂下至海底的静态受力。铠装还提供一定的机械保护，防止安装机具、渔具和锚具带来的外部威胁。铠装选型不当，将使海底电缆易遭受损伤，降低其稳定性，从而产生高昂的修复成本，甚至会影响其使用寿命。铠装层设计应能满足敷设、运行及维修打捞条件下对海底电缆机械抗拉强度的要求。根据国际大电网会议规范性文件 Electra No. 171 APRIL—1997《海底电缆机械试验推荐方法》中的推荐，对于水深不超过 500m 正常状态敷设和打捞时，试样要承受的试验拉力为

$$T = 1.3 wd + H \qquad (5-8)$$

式中　T——试样要承受的试验拉力，N；

　　　w——1m 长电缆在水中重量，N/m；

d——最大水深，m；

H——最大允许海底剩余张力，N，$H=0.2wd$。

注意：d 的最小值规定为 200m；因数 1.3 是考虑到敷设张力和打捞张力产生的附加张力和敷设打捞过程中的动态张力；海底剩余张力 H 是给敷设入水角一个适当的裕度以防止在敷设时在电缆上产生扭结。

铠装层对交流单芯海底电缆的电气性能有较大影响，特别是采用磁性材料时，铠装层将产生较大损耗，对海底电缆载流量影响较大。若铠装层材料选择不当，将造成铠装层的损耗过高，从而限制海底电缆载流量。同时由于海底电缆长期处于过热状态，将减少其正常适用寿命。IEC 60287《电缆额定电流的计算》中，铠装的损耗计算分为非磁性铠装计算和磁性铠装计算两种，两种计算方法均将铠装和金属护套损耗合并计算。计算时用金属护套和铠装的并联电阻代替单一金属护套的电阻，用金属护套和铠装直径的均方根代替金属护套的平均直径，计算结果为金属护套损耗及铠装损耗分别与线芯损耗的比值，记为 λ_1、λ_2。

目前，常用的海底电缆铠装型式主要有镀锌粗圆钢丝铠装、镀锌扁钢线铠装、不锈钢丝铠装、扁铜丝铠装等。以上常用铠装材料的性能见表 5-12。镀锌钢丝铠装本体造价低且能提供良好的机械性能，但损耗大，影响电缆的载流量；扁铜丝铠装本体造价高，但损耗小，能提高海底电缆的载流量。在工程中，一般采用最小年费用法，综合考虑上述影响因素，确定海底电缆铠装的最佳型式。

表 5-12　常用铠装材料的性能

材　　料	价格	抗拉强度 /(N·mm^{-2})	耐腐蚀性	20℃时电阻率 /(Ω·m)
镀锌钢丝	最低	350～500	良好	13.8×10^{-8}
镀锌扁钢线	较低	350～500	良好	13.8×10^{-8}
不锈钢丝	较高	520	良好	70×10^{-8}
扁铜丝	最高	210	良好	1.777×10^{-8}

5.3.2.2　直流海底电缆选型

与交流海底电缆相比，直流海底电缆在海底电缆绝缘类型、导体截面、外护套和铠装型式选择等方面均有所不同。

1. 绝缘类型选择

直流单芯电缆按绝缘类型可分为充油电缆、交联聚乙烯绝缘电缆和不滴流纸绝缘电缆。交流充油电缆可直接应用于直流，两者在绝缘型式上没有区别。由于空间电荷积聚效应，交流交联聚乙烯绝缘电缆不能用于直流输电系统，须对绝缘材料采用抑制空间电荷分布的措施，目前国内直流交联聚乙烯绝缘电缆最高运行电压已达到±200kV，国际上已达到±320kV。不滴流纸绝缘电缆是以一定宽度的绝缘纸螺旋状地包绕在导电线芯上，经过真空干燥处理后用浸渍剂浸渍而成，浸渍剂在工作温度范围内不流动，呈塑性固体状，而在浸渍温度下黏度降低能保证充分浸渍。不滴流纸绝缘电缆的敷设长度和高差不受绝缘本身限制，主要用于高直流电压等级的大功率传输应用，最高电压等级±500kV。

以上三种类型电缆的技术性能见表 5-13。

表 5-13　三种绝缘类型电缆技术性能对比表

电缆类型	优　点	缺　点	适　用　范　围
充油电缆	（1）可靠性高。 （2）维护工作量少。 （3）所需备品少。 （4）交、直流电缆可相互使用	（1）敷设安装不方便。 （2）易燃性高，存在油液泄漏风险。 （3）落差和长度受限制。 （4）用于振动场所要采取防振措施	（1）交、直流最高运行电压等级分别为 800kV 和 ±500kV。 （2）最大使用长度 30～60km
交联聚乙烯绝缘电缆	（1）电气性能优越。 （2）耐热性和机械性能良好。 （3）敷设安装方便、环保。 （4）绝缘性能不受弯曲次数影响。 （5）直流电缆可用于交流系统	（1）挂网运行经验不足。 （2）性能受制造工艺影响较大	（1）交流陆缆和海底电缆最高运行电压等级分别为 500kV 和 400kV。 （2）直流电缆最高运行电压等级为 ±320kV
不滴流纸绝缘电缆	（1）敷设安装方便。 （2）敷设长度和高差不受限	（1）绝缘材料中气隙的产生不可避免。 （2）绝缘性能受弯曲次数影响。 （3）耐热性能较差。 （4）存在油液泄漏风险	（1）仅限于交流 35kV 及以下系统使用。 （2）直流最高运行电压为 ±500kV

注　表中的电压等级均为目前已投入运行的输电工程最高电压等级。

充油电缆具有可靠性高、机械性能好的优点，但敷设安装不便、易燃、不环保，一旦发生漏油，将对周边海域生态环境造成较大影响，且受油压限制输送距离有限。

直流交联聚乙烯绝缘电缆在直流电场下固体绝缘介质中的空间电荷效应，是长期以来困扰直流交联聚乙烯绝缘电缆的关键技术，但随着绝缘材料和纳米技术的发展，在绝缘介质中添加入纳米材料，解决了直流交联聚乙烯绝缘电缆的空间电荷问题，同时由于其具有电气性能好、机械强度高、安装敷设和运行维护方便以及环保等特点，使直流交联聚乙烯绝缘电缆在长距离直流输电工程中后来居上，并在风电并网的轻型直流系统中得到了广泛的应用。

不滴流电缆绝缘性能受弯曲次数影响、相同导体截面下载流量小、投资大，最高运行电压已达到 ±500kV，一般用于超高压、大容量直流联网工程。

2. 导体截面选择

导体截面选择的原则：①电缆长期允许电流应满足持续工作电流的要求；②短路时应满足短路热稳定的要求；③根据电缆长度，如有必要应进行电压降校核。

对于直流海底电缆，由于不存在交变电磁场，绝缘损耗可忽略，金属护套和铠装上不会产生损耗，其损耗主要是线芯的电阻损耗，因此，根据 IEC 60287《电缆额定电流的计算》标准得出海底电缆额定载流量为

$$I = \left[\frac{\Delta \theta_c}{R'(T_1 + T_2 + T_3 + T_4)} \right]^{0.5} \tag{5-9}$$

$$\Delta\theta_c = \theta_c - \theta_0$$

式中　I——导体中流过的电流，A；

　　$\Delta\theta_c$——高于环境温度的导体温升，℃；

　　　θ_c——导体工作温度，℃；

　　　θ_0——环境温度，℃；

　　　R'——最高工作温度下导体的直流电阻，Ω/m；

　　　T_1——一根导体和金属套之间单位长度热阻，$K \cdot m/W$；

　　　T_2——金属套和铠装之间内衬层单位长度热阻，$K \cdot m/W$；

　　　T_3——电缆外护层单位长度热阻，$K \cdot m/W$；

　　　T_4——电缆表面和周围介质之间单位长度热阻，$K \cdot m/W$。

直流海底电缆线路如发生短路故障时计算绝热短路电流，在任何起始温度下绝热的温升短路电流的计算公式见式（5-4），并据此校核所选截面的电缆是否满足短路热稳定的要求。

一般来说，电缆的阻抗很小，对于不太长的电缆，其电压损失不会构成电缆截面选择的制约条件。与交流电缆相比，直流电缆不存在临界输送距离的问题，输送距离更长。通过对已有工程以及对潜在工程的预测，VSC-HVDC 输电电压与输送距离的关系如图 5-30 所示。表 5-14 主要列举了 3 种电压等级下的直流交联聚乙烯绝缘电缆在不同输送距离下的功率损耗。

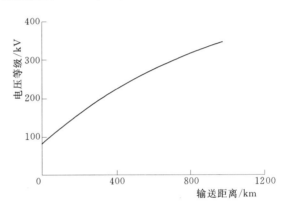

图 5-30　VSC-HVDC 输电电压与输送距离关系

表 5-14　不同电压等级下不同输送距离的功率损耗

电压等级 /kV	输送功率 /MW	载流量 /A	截面 /mm²	输送距离 50km		输送距离 100km	
				受端功率 /MW	损耗百分比 /%	受端功率 /MW	损耗百分比 /%
±80	100	627	300	97	3.00	93.0	7.00
	195	1233	1200	192	1.50	189.5	2.80
	295	1881	2800	292	1.00	289.5	1.90
±150	185	627	300	182	1.60	179.0	3.20
	365	1233	1200	362	0.80	359.0	1.64
	555	1881	2800	552	0.54	549.5	1.00
±300	370	627	300	367	0.80	364.5	1.50
	730	1233	1200	727	0.40	722.0	1.10
	1110	1881	2800	1107	0.27	1104.5	0.50

注　表中直流交联聚乙烯绝缘电缆的结构参数参考 ABB 产品。

由表 5-14 中数据知，在电压等级 ±80kV、输送功率为 100MW 时，若距离为 100km，线路损耗则达到 7.00%；其他情况下，线路损耗均在 5.00% 以内。在工程应用中，应结合输送距离校核所选截面的电缆是否满足电压损耗的要求。

3. 外护套选择

外护套通常用于保护下层的金属护套，使其免受腐蚀和磨损，通常采用聚乙烯护套，其成本适中，具有优异的化学和机械稳定性。在交流海底电缆中还常常采用添加炭黑的半导电聚乙烯作为外护套，为内层的金属护套和外层铠装提供等电位连接，从而降低金属护套上的感应电压。

对于直流海底电缆，正常运行时金属护套上无感应电压；在遭受雷电过电压、操作过电压冲击时，须考虑金属护套上的暂态感应过电压是否超过外护套的冲击耐受电压。对于短距离直流海底电缆，一般可选用聚乙烯（PE）外护套；但当海底电缆较长，金属护套中冲击感应过电压过大时，宜选用添加炭黑的半导电聚乙烯作为外护套。

4. 铠装型式选择

对于直流电缆来说，金属护套上不会有感应电压，所以不存在护套损耗的问题，护套的结构主要考虑机械保护和防止腐蚀。同样，铠装亦不存在环流损耗、磁滞损耗和涡流损耗，因此铠装的材质只需满足机械性能和防腐要求即可。因此，对于直流电缆一般采用本体价格便宜且机械性能良好的镀锌钢丝铠装。

5.3.3　海底电缆接地方式选择

1. 接地方式

电缆设计规范对海底电缆线路金属护层接地方式的基本要求均为"两端直接接地"，在这一基本要求的指导下，目前海底电缆线路较为常用的接地方式有以下 3 种：

（1）两端直接接地，中间不短接。在海底电缆两端，金属护层和铠装分别通过接地线经直接接地箱与地网直接相连，其他部分不做特殊处理，保证海底电缆的完整性。

（2）两端直接接地，分段短接。在海底电缆两端，金属护层和铠装分别通过接地线经直接接地箱与地网直接相连，同时每隔一定距离按设计要求把金属护层和铠装层短接一次。

（3）两端直接接地，采用半导电外护套。在海底电缆两端，金属护层和铠装分别通过接地线经直接接地箱与地网直接相连，并在原绝缘外护套的材料中添加具有导电特性的炭黑，即为半导电外护套。

2. 选择方法

（1）对于交流海底电缆线路，工频电压电流、短路电流和过电压冲击波作用下的金属护层感应电压限值可参考相关规范的规定，但鉴于海底段海底电缆所处环境的特殊性，非专业人员难以接触到海底段的海底电缆，海底电缆登陆段的金属护层正常感应电势容许值 E_{SM} 按现行规范的 300V 要求执行，而海底段的 E_{SM} 在一般情况下可不做限制，若 E_{SM} 过高，如大于 1kV 时，可根据工程实际情况对 E_{SM} 进行校核，以确定是否需采取必要的措施来限制 E_{SM}。在进行金属护层接地方式选择时，短路工况不起控制作用，应综合考虑工频工况和过电压侵入波工况对海底电缆安全性和经济性的影响。在满足工频感应电压限值的前提下，若过电压侵入波引起的金属护层冲击电压超过了绝缘外护套的冲击耐受电压，就必须对冲击感应电压进行限制，需采用"两端直接接地、分段短接"或"两端直接接地、采用半导电外护套"的接地措施；若过电压侵入波引起的金属护层冲击电压未超过绝缘外护套的冲击耐受电压，则可采用"两端直接接地、中间不短接"的接地方式。

（2）对于直流海底电缆线路，在正常情况下金属护层中不存在感应电势，可采用两端直接接地的接地方式。但在雷电或操作冲击过电压作用下，金属护层中会出现较高的冲击感应过电压，且线路越长过电压幅值越高，当线路达到一定长度时，电缆外护套可能会因冲击感应过电压过大而击穿，此时需采用"两端直接接地、分段短接"或"两端直接接地、采用半导电外护套"的接地措施。

5.3.4 海底电缆敷设与保护

海底电缆敷设保护的措施主要有埋设保护、沟槽保护、穿管保护、覆盖保护等。

5.3.4.1 埋设保护

经过多年实践，通常认为最经济、最有效的海底电缆保护方式是进行埋设保护，即使用专业设计的电缆埋设机械（各类型号的埋设犁或水下机器人 ROV）将海底电缆埋设至海床表面以下常见渔具、锚具无法触及的深度，最大限度地保护海底电缆免受外部风险的威胁。20 世纪 80 年代之前，大多数海底电缆都是直接铺设在海底，时常遭到损坏。直到 80 年代海底掩埋设备开始应用后，海底电缆的埋设保护变得越来越普遍。1986 年 CIGRE 研究表明，在受损的海底电缆中，只有少数是采用埋设保护。图 5-31 为 1960—2000 年间拖网及其他渔业活动造成的海底通信电缆事故统计，由图可见，自采用埋设后，事故率显著降低。以丹麦和瑞典间 Kontiskan 海底电缆线路为例，第一条电缆于 1964 年直接铺设在海底，到 70 年代初，这条海底电缆已经多次遭受拖网损坏，最终不得不用一条较强铠装的新电缆替代了其中的一段，新敷设海底电缆采用埋设的保护方式。直到现在新缆没有出现一次故障，而保留的原电缆同期却出现了 14 次故障。现在几乎所有的海底电缆都采用埋设的保护方式。

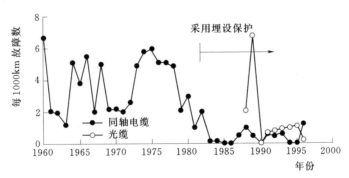

图 5-31 拖网及其他渔业活动造成的海底通信电缆事故统计

海底电缆埋设施工方式大致可以分为以下几种：

（1）边敷边埋，即埋设机械一边敷设电缆，一边埋深电缆，敷埋同步进行。此种方式一般要求海底电缆在电缆船上被预先装载在埋设器内。埋设器被放置在海床上，开始拖曳开沟的同时，电缆被自动安放至形成的沟槽内。一般来说，边敷边埋的埋设效果比较好，海底电缆张力易控制，不易在沟槽内产生悬空，也不易打圈。其缺点是由于海底电缆需在电缆船甲板上预置在埋设器内，会造成初始段无法埋设或深度不够，故常用于长距离连续施工，而不适宜短距离施工。

（2）先敷后埋，即先将电缆敷设于海底表面，然后埋设机械跟踪、将海底电缆埋设至设计深度。先敷后埋具有灵活机动的特点，一般在海底电缆修理及边敷边埋不易进行的地方使用。其缺点是埋设效果及效率低。

ROV 和埋设犁是进行海底电缆埋设施工最常用的水下设备。ROV 是被广泛运用在各种海洋工程中的重要设备，能替代"饱和潜水"在危及人身安全的深海环境工作。ROV 主要应用于海底电缆的后冲埋，其配备的海底电缆探测声呐和潜水高压水泵，能轻易找到已敷设在海床上的海底电缆，根据海底电缆不同的缆径，控制冲枪沿海底电缆进行来回多遍冲埋形成一定宽度的沟槽，以达到理想的埋设效果。埋设犁是一种自动化程度及埋设效率都很高的专业海底电缆埋设器具，被普遍应用于长距离的海底电缆埋设作业。不同于 ROV，它仅能进行单纯的边敷边埋工作。埋设犁上安装有控制姿态的动力装置及很多传感器，通过脐带（信号电缆）与母船相连，经母船上的数据采集中心处理信号并三维模拟，埋设犁的姿态能够直观地显示在显示屏上，由操控者根据实际情况调节其姿态，从而很好地实现预期的挖沟工作。现代新型的埋设犁将高压水喷射技术与被动的机械切割接合起来，可以增加埋设深度并大大提高埋设效率，能在 200m 以下水深以较快的速度达到 3m 以上埋设深度，能够适应各种土质更有效地实现挖沟工作。中英海底系统有限公司与国际海底电缆界权威的海底电缆埋设设备制造商英国 SMD 公司共同研制开发的 3m 埋设犁 Hi-Plough，采用水力切割原理，可配备不同规格的切割臂，适应于海床坡度不大于 15°的不同类型土质条件，埋设深度可达 2～3.25m，可埋设不同直径的通信光缆或电力电缆，最大直径为 380mm。Hi-Plough 的不同规格的切割臂，既可以完全以高压水喷射模式进行开沟，也可将高压水喷射技术与被动的机械切割接合起来，较之传统工艺施工效率大大提高。Hi-Plough 埋设犁如图 5-32 所示。

图 5-32　Hi-Plough 埋设犁

埋设保护是最经济、最有效的海底电缆保护方式，可适用于除登陆段、近海浅滩区、礁岩区外的绝大部分海域。对于登陆段、近海浅滩区，敷设船只吃水较深难以靠近，埋设机械无法施工；对于礁石区，采用埋设往往达不到设计埋设深度的要求，且施工速度慢。

5.3.4.2 沟槽保护

由于登陆段和浅滩区水深较浅，敷设船只无法靠近，埋设机械难以施工，此时常常在电缆敷设船敷设电缆前将电缆沟槽开挖好。切割抽吸挖泥船能对从土壤到软岩土的不同底质进行开沟作业，该挖泥船甚至能在浅海或泥土滩涂上为其自身开沟进入，安装在小型驳船上的挖掘机也可完成该项工作。

若海底是岩石层或是因为太硬而无法用犁或水力喷射机械进行挖沟，则可在电缆敷设前用切割轮、切割链或其他机械粉碎机进行开岩作业，开岩机械及其开挖的水下沟槽如图5-33所示。但是，开岩作业投资高昂且速度慢，只适用于长度较短的局部路由段。在条件允许的情况下，也可采用水下爆破的施工方式开挖出满足设计要求的深槽。

图5-33 开岩机械及其开挖的水下沟槽

5.3.4.3 穿管保护

海底电缆路由近海浅滩段的渔业活动频繁，是渔船作业抛锚的频发点，当海底电缆埋设深度达不到要求时，可采用铁护套保护和预埋钢管或钢筋混凝土管保护。

铁护套保护是近海浅滩段常用的保护方式，以南方主网与海南电网联网跨越琼州海峡500kV海底电缆工程为例，海底电缆保护套管为黑口生铸铁非标产品铸件，套管长650mm，两端各有内径150mm和外径150mm的圆形对接套，由两个半片对称连接组装，而后螺栓紧固，组成500mm长成品套管，成套质量21kg。施工中水下潜水员首先在已被流沙掩埋的海底电缆路由地带寻找到海底电缆位置，而后使海底电缆暴露在海床上，撬起海底电缆下部，先安放下半片套管，而后对接上半部，同时将 4 个螺栓孔紧固。延伸时大口套小口，套口呈圆形，可防止脱落，以此类推，如图 5 - 34 所示。

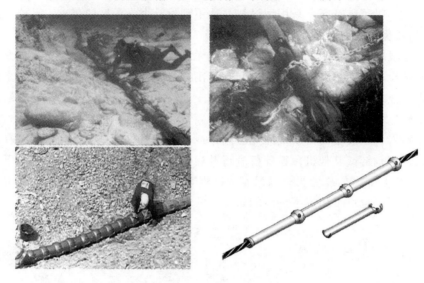

图 5 - 34　穿管保护

预埋钢管或钢筋混凝土管保护也是近海浅滩段常用的保护方式，一般在近海浅滩段预先挖好沟槽，并在沟槽中布置好钢管或钢筋混凝土管，然后回填，敷设海底电缆时使其从保护管中穿过。坚硬的钢管或钢筋混凝土管对捕捞渔具和渔船船锚具有较强的抵御能力。

5.3.4.4　覆盖保护

当海床为礁岩而难以埋设、埋深不满足设计要求或者因海底电缆与其他管线交叉而无法埋设时，可采取覆盖保护的方式，即采用岩石、混凝土块、沙袋等将海底电缆覆盖起来，从而起到保护的作用。常用的方法有抛石保护、混凝土垫保护和混凝土袋（沙袋）保护。

（1）抛石保护。专用的船舶装载岩石至敷设的电缆上，并抛下岩石。岩石可以从驳船的单侧推出（侧向抛石），也可以从船舱底部抛出，这些方法简单、快速，但非常浪费，海水较深时抛石还会对海底电缆产生较大的冲击力。采用柔性的抛石导管进行抛石是目前较好控制和较先进的作业方法。Nexans 公司用于抛石的船只最大装载量为 1.2 万 t，可以通过在抛石船上加装托架固定抛石导管的方法，将导管延伸到海底电缆上方 1～2m 处抛石。抛石全过程采用 ROV 监控，如发现悬空部分则补充抛石。由于抛石管道延伸到电缆上方 1～2m 处才开始抛石，对电缆的冲击力很小，并且能够比较准确地定位。另外，电缆能够承受抛石掩埋对电缆侧压力的增加，对安全运行没有影响。抛石示意图如图 5 - 35 所示，抛石形状如图 5 - 36 所示。堆石坡度根据抛石大小和保护要求，大致为 1：3～1：5。抛石保护需要使用特殊施工机械，且施工速度慢、费用高昂，不宜大范围使用。

（2）混凝土垫保护。近百块大小相同的混凝土块通过钢筋连接在一起，构成一个保护垫，通过吊装设备将保护垫整体吊放在海底电缆上部，从而起到保护的作用，如图 5 - 37

图 5-35 抛石保护方式

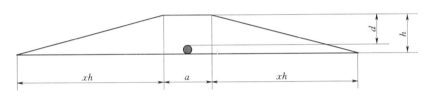

图 5-36 典型抛石形状示意图

h—抛石高度；d—海底电缆覆盖抛石高度；a—抛石顶部宽度；x—系数

所示。混凝土垫需要特殊加工，且需要吊装设备进行安装，施工有所不便，一般适用于管线交叉等局部区域。

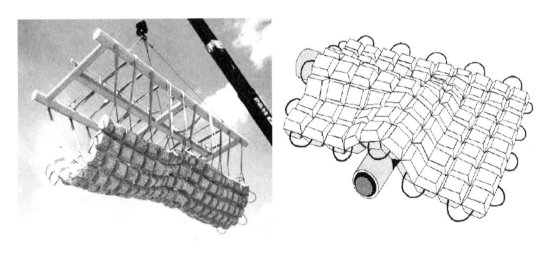

图 5-37 混凝土垫保护

（3）混凝土袋（沙袋）保护将混凝土或沙制成的袋子堆放在海底电缆的上部，以起到固定和保护海底电缆的作用。如图 5-38 所示。该保护方式需要潜水员将混凝土袋（沙袋）人工搬运至准确的位置，工作量巨大，一般作为埋设保护或沟槽保护埋设深度不够时的辅助措施。

图 5 - 38　混凝土袋（沙袋）保护

5.3.4.5　常见海底电缆敷设保护方式的对比

　　常见海底电缆敷设保护方式的对比见表 5 - 15。由表可见，埋设保护可用于除登陆段、近海浅滩区、礁岩区外的绝大部分海域，施工技术成熟，费用相对较低，通常认为是最经济、最有效的海底电缆保护方式；登陆段沟槽保护施工难度最小、费用最低，但仅适用于登陆段及浅滩区；在水下基岩区开挖沟槽则施工难度最大、费用最高；登陆段采用穿管保护比沟槽保护费用相对较高，水下穿管保护还需潜水员将套管套在海底电缆上，施工相对难度更大、费用更高；覆盖保护采用岩石、混凝土块、沙袋等将海底电缆覆盖起来，从而起到保护的作用，需潜水员人工覆盖、专用机械抛石、机械吊装等，施工难度大、费用高。

表 5 - 15　常见敷设保护方式的对比

保护方式		施 工 方 式	施工难度	施工费用	适 用 环 境
埋设保护		使用专业设计的电缆埋设机械（埋设犁或 ROV）将海底电缆埋设至海床表面以下	小	低	除登陆段、近海浅滩区、礁岩区外的绝大部分海域
沟槽保护	登陆段	采用挖掘机、切割抽吸挖泥船等开挖电缆沟槽	最小	最低	登陆段和浅滩区
	水下基岩区	用切割轮、切割链或其他机械粉碎机进行水下开岩作业	最大	最高	海底是岩石层或是因为太硬而无法用犁或水力喷射机械进行挖沟
穿管保护		采用铁护套保护和预埋钢管或钢筋混凝土管保护	较大	较高	近海浅滩
覆盖保护		采用岩石、混凝土块、水泥沙袋等将海底电缆覆盖起来，从而起到保护的作用。常用的有抛石保护、混凝土垫保护和混凝土袋（沙袋）保护	大	高	当海床为礁岩而难以埋设、埋深不满足设计要求或者因海底电缆与其他管线交叉而无法埋设时

本 章 小 结

本章重点介绍了海上风电送出工程的系统方案、变电站及换流站、海底电缆线路的工程设计思路、方案和相关技术。

系统方案设计强调了海上风电场接入系统必须与区域电网发展规划相一致、必须满足电网各种运行方式要求的原则，在此前提下，结合风电场系统参数及送出设备技术参数的要求，提出了根据风电场总规模选择接入电网的电压方案，并提出了 HVAC、LCC－HVDC 和 VSC－HVDC 三种不同送出方式的选择方案。同时，还为后续的变电站/换流站和海底电缆线路的设计提出要求，如出线回路数及导线截面选取原则、海上升压变压器容量和型式的选取，无功补偿装置以及开关设备短路电流水平的考虑。

变电站和换流站设计详细介绍了交流与直流两种不同送出方式下所对应的海上变电站与换流站的设计思路和内容，包括电气设计、结构设计以及其他暖通、消防、防腐等方面。变电站重点提出了单双主变压器所对应的主接线方案、总平面布置方案及其变压器、GIS、配电和无功补偿装置等主要电气设备选择。换流站重点提出了其特有的换流器主电路拓扑结构方案，通过两电平、三电平和 MMC 的拓扑比较，结合功率器件的技术发展水平和供应情况，提出 MMC 拓扑结构是目前国内 VSC－HVDC 输电最为可行方案的结论，并以此为基础，提出了主流的交直流侧主接线方案、平面布置方案及其换流阀、直流电容器、连接变压器、电抗器、避雷器和开关等主要电气设备选择。最后，统一介绍了海上变电站和换流站在二次系统方案、控制保护、防雷接地及上下部平台与基础结构等方面内容。

海底电缆线路设计重点介绍了海底电缆线路路由选择、海底电缆选型、接地方式选择和敷设与保护等几个方面的设计方案。提出了根据电缆线路的总布局选择登陆点及海底线路路由的原则。基于交直流电缆的不同特点，给出了从绝缘类型、导体截面、金属护套、外护套以及铠装等多个角度进行比较，综合考虑海底电缆的选型方案。最后，结合施工和运维的需求，提出了埋设保护、沟槽保护、穿管保护、覆盖保护等海底电缆敷设保护措施。

第6章 工程应用实例

1990 年，瑞典安装了第一台海上风力发电机组，1991 年，丹麦 Elkraft 公司在波罗的海洛兰岛（Lolland）西北沿海 Vindeby 附近兴建了世界上第一个商业化海上风电场，随后，荷兰、瑞典也建立了第一批海上风电示范工程，自此拉开了海上风电送出工程的帷幕。

本章罗列了目前具有代表性的海上风电送出工程项目，并以 2013 年投运的广东汕头南澳岛"大型风电场柔性直流输电接入技术研究与开发"示范工程（以下简称"南澳示范工程"）为应用实例，提出一系列方法及其使用条件，切实反映当前国内外风力发电送出工程的先进技术。

6.1 工程项目实例

6.1.1 工程列表

近年来具有代表性的海上风电及其送出项目的相关信息，见表 6-1。

表 6-1　海上风电及其送出项目一览表

工 程 名 称	国家	建成时间	电压等级 /kV	容量 /MW	水深 /m	离岸距离 /km	输电方式
Alpha Ventus	德国	2009 年 11 月	—	260	30	43	交流
Horns Rev Ⅱ	丹麦	2009 年 10 月	—	800	9～17	30	交流
Thanet	英国	2010 年	—	300	20～25	12	交流
Greater Gabbard		2011 年	—	504	24～34	23	交流
London Array		2012 年	—	630		23	交流
珠海桂山	中国	预计 2016 年	—	198	6～12	23	交流
江苏如东 1（两个项目）		预计 2016 年	—	152	15	28	交流
江苏如东 2		预计 2016 年	—	200	15	28	交流
哥特兰工程（Gotland）	瑞典	1999 年	±80	50		70	柔性直流
BorWin1	德国	2009 年	±150	400		130	柔性直流
传斯贝尔联络工程（Trans Bay）	美国	2010 年	±200	400		两换流站距离 970	柔性直流
南澳示范工程	中国	2013 年 12 月	±160	200		40.7	柔性直流
HelWin1	德国	2013 年	±159	576		85	柔性直流
DolWin2		2015 年	±320	900		45	柔性直流

6.1.2 工程介绍

从表 6-1 看出，海上风电送出工程以交流送出和柔性直流送出为主，主要集中在欧洲，不过近几年中国的海上风电送出工程也在大力发展，下面简单介绍中国的海上风电送出工程以及国外几个代表性的工程。

6.1.2.1 海上风电＋交流输电项目

1. 广东珠海桂山海上风电场

珠海桂山海上风电场位于珠海市桂山岛西侧海域，用海面积约 33km²，水深在 6～12m 之间，共布置 66 台单机容量 3MW 的风力发电机组，总装机容量 198MW。为向陆地方向输送电能及接入电力系统，风电场设海岛升压站 1 座、陆上集控中心 1 座。风电场采用 2 回 110kV 电缆线路接入规划中的 220kV 吉大变电站 110kV 侧。风电场海岛升压站与大陆登陆点之间采用 2 回 110kV 海底电缆连接。

2. 中广核如东海上风电场

中广核如东海上风电场采用 38 台 4MW 风力发电机，总装机容量 152MW，大部分水深在 15m 左右。采用了一座 110kV 海上变电站。风电场中心离岸 28km，将成为国内第一个拥有海上变电站和长距离海底电缆输送的项目。

3. 龙源如东海上风电场

龙源如东海上风电场总装机容量 200MW，采用 50 台 4MW 风力发电机，最大的水深 16m。项目采用一个 220kV 海上变电站，离岸距离约 30km。

6.1.2.2 海上风电＋柔性直流输电项目

1. 瑞典哥特兰工程（Gotland）

瑞典哥特兰工程是由 ABB 公司负责设计并建设的，于 1999 年投产运行，是世界上首个采用 VSC-HVDC 输电系统的非实验性工程项目。该工程负责将风力发电接入系统，系统结构为两端 VSC-HVDC 系统，直流电压为 ±80kV，传输容量为 50MW，两侧交流系统电压为 75kV 换流站拓扑结构采用两电平拓扑，两个换流站之间采用 2×70km 直流电缆互连。哥特兰工程不仅将哥特兰岛的风电输送到瑞典本土，而且提供了风电场的动态无功功率支撑，解决了潮流波动、电压闪变和频率不稳定的问题，有效地改善了电能质量。

2. 德国 BorWin1 工程

BorWin1 工程由 ABB 公司承建，2007 年开工，2009 年 9 月投运，是世界上第一个采用 VSC-HVDC 输电技术将真正意义上的海上风电场接入电网的工程，它将位于欧洲北海的 Bard Offshore 1 风电场接入电网。Bard Offshore 1 风电场离岸大约 130km，装有 80台 Bard5.0 的 5MW 风机，采用 36kV 交流电缆连接风力发电机，经 36kV/155kV 的海上升压站将电压升到 155kV，再通过 1km 的海底电缆与 BorWin alpha 海上换流站相连接。该工程系统为两端结构，海上换流站为 BorWin alpha，陆上换流站为 Diele，直流电压 ±150kV，直流功率 400MW，海底电缆长度为 130km，陆上电缆长度为 75km。

3. 海岛/海上风电＋多端柔性直流输电项目

南澳示范工程是世界上首个多端 VSC-HVDC 输电工程，由南方电网下属的广东电

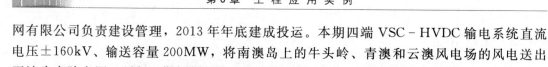

网有限公司负责建设管理，2013年年底建成投运。本期四端 VSC-HVDC 输电系统直流电压±160kV、输送容量 200MW，将南澳岛上的牛头岭、青澳和云澳风电场的风电送出至汕头大陆主网。预留远期规划的塔屿海上风电场接入，最终将形成完整的大型风电四端 VSC-HVDC 输电系统。

6.2 南澳示范工程

虽然该工程并不是纯粹的海上风电场接入系统，但其所处实地环境是离大陆超过10km的海岛，远期考虑了塔屿海上风电场的接入，具备多个海上风电场并网的特性，有较高的参考价值和示范意义。

6.2.1 项目背景

2011年开始，南方电网响应国家政策，在国家863"大型风电场柔性直流输电接入技术研究与开发"课题中，对柔性直流关键技术进行了充分地研究，打破了国外厂商对 VSC-HVDC 输电系统的技术垄断，攻克了多端 VSC-HVDC 输电控制保护这一世界难题，在世界上率先掌握了多端 VSC-HVDC 输电成套设计、建设、调试和运行等全系列核心技术，使我国站在世界输电领域的最前沿。而在2013年底建成的南澳示范工程中，采用的所有核心设备均为国内首次研发，实现100%自主国产化，根据初步估算，国产设备的造价约为国外企业价格的一半，以国际上约为4亿元/10万 kW 的价格，按"十二五"期间投产300万 kW 计算，可节约投资60亿元；另据专家测算，示范工程每年能输送风电5.6亿 kW·h，以国家能源局公布的最新6000kW 及以上装机容量供电标准煤耗率［326g/（kW·h）］计算，相当于节约了18.25万 t 标准煤，减少了48.55万 t 二氧化碳。

南澳示范工程的顺利投产和 VSC-HVDC 输电技术在国内的工程化应用，为远距离大容量输电、大规模间歇性清洁风能的接入提供安全高效的解决方案，促进电力产业结构升级与优化，提升了电网接纳风电等清洁能源的能力，推动可再生能源的低成本规模化开发利用，解决我国能源领域节能环保等重大问题，具备国际竞争力与良好的应用前景。

6.2.2 系统设计

6.2.2.1 送出规模与方式分析

1. 送出规模介绍

南澳岛上共有3个较大的风电场，包括牛头岭风电场，装机容量约54MW；青澳风电场，装机容量约45MW；云澳风电场，装机容量约29MW。其他小型风电装机容量约15MW，共计143MW。

计及邻近南澳岛的塔屿海上风电场，规划容量约50MW，远期实际最大输电容量约193MW。同时，送出方案需具备潮流双向输送的能力。

2. 送出方式研究

南澳示范工程投产前，南澳岛电网最高电压等级为110kV，通过三回线路与大陆电网相连，其中两回为 110kV 线路，分别为湾头—金牛、莱芜—金牛；一回 35kV 线路，为莱芜—竹仔澳。目前岛上包括牛头岭、青澳、云澳风电场在内的 143MW 风电均通过用户升压站接至 110kV 金牛站，随后，通过湾头—金牛和莱芜—金牛两回 110kV 线路送至大陆 220kV 塑城站近区。南澳示范工程投产前南澳近区电网示意如图 6-1 所示。

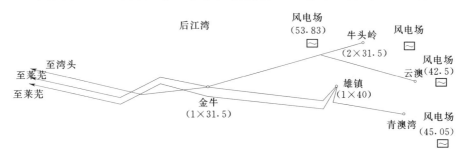

图 6-1　投产前南澳近区电网示意图

湾头—金牛、莱芜—金牛线路均为架空线和海底电缆混合线路。其中湾头—金牛线路架空线部分采用 400mm² 截面导线，海底电缆部分采用 1000mm² 截面电缆；莱芜—金牛线路架空线部分采用 240mm² 截面导线，海底电缆部分采用 300mm² 截面电缆。

南澳示范工程投产前，南澳岛 143MW 的风电装机均通过交流通道直接接入汕头 110kV 电网。由于风电机组运行时需要无功支撑，因此，目前交流通道直接并网后，风电场对于汕头电网来说是一个无功负荷。由于分组投切电容器不能实现快速连续的电压调节，对快速的电压变化也是无能为力。岛上风资源的不确定性和风电机组本身的运行特性使风电机组的输出功率是波动的，影响电网的电能质量，造成电压波动和闪变、谐波污染、对电网频率的影响等。

同时，与常规配电网保护不同，通过风电场与电力系统联络线的潮流有时是双向的。风电机组在有风期间与电网相连，当风速在启动风速附近变化时，为防止风电机组频繁投切对接触器的损害，允许风电机组短时电动机运行。此时会改变联络线的潮流方向，继电保护装置应充分考虑到这种运行方式。

另外，并网运行的异步发电机没有独立的励磁机构，在电网发生短路故障时由于机端电压显著降低，异步发电机在三相短路故障时仅能提供短暂的冲击短路电流，两相短路时异步发电机提供的短路电流最大。随着南澳岛上风电装机容量的扩大，结合南澳岛本地电网的薄弱性，当地的风电装机若继续以交流接入的方式直接接入当地电网，那么势必会在电能质量、电压稳定、继电保护装置正常运行等方面产生不良影响。考虑将来南澳岛近区规划的海上风电规模及上述风电机组通过交流方式接入当地电网的不良影响，南澳岛风电继续以交流方式直接接入系统将不能满足系统安全稳定运行要求。

综合上述分析，风电经交流通道直接接入系统会在电能质量、电压稳定、继电保护等方面产生不良影响；LCC-HVDC 可实现电网解耦，但在黑启动及无功补偿方面存在较大劣势；VSC-HVDC 可实现风机与电网解耦，并拥有向风机与系统提供动态无功等诸多优点。考虑南澳工程中风电接入系统的特殊性以及交流、LCC-HVDC 以及 VSC-HVDC 接入方式各自的优缺点，最终选择了以 VSC-HVDC 方式将南澳风电接入系统。

6.2.2.2 送出方案研究与设计

1. 送出系统结构选择

南澳示范工程总装机容量约为143MW，年发电量超过2.7亿kW·h，共有8家单位在南澳岛投资，塔屿风电场50MW的远期规划也正在开展前期工作。其中较大的牛头岭、青澳、云澳风电场装机容量总和约为128MW，其余小型风电场装机容量约15MW。

根据风机的运行特性，风电场设备长期并网，无论是否发电，变压器都要吸收无功，其数量大约是变压器容量的1%~1.4%。随着风机有功出力的变化，无功需求也在变化，当风机本身的无功补偿不足以补偿这些无功变化时，就需从电网吸收无功。若输送无功的交流线路过长，则在线路中的无功损耗也会加重风机系统对电网无功的需求。一般而言，一个风电场中的风机是分散排布的，其间隔距离较大，从系统吸收无功所经的线路较长，又会增加线路或变压器损耗。

在已有3个较大风电场中，牛头岭风电场和云澳风电场距离稍近，而青澳风电场距离较远。目前，牛头岭风电场和云澳风电场通过T接的方式，共同接入金牛变电站，青澳风电场则单独通过110kV金牛—青澳交流线路接入金牛变电站。而远期接入的海上塔屿风电场，与已有风电场距离更远。根据上述分析，若采用两端柔性直流系统结构方式，则在风电机组一侧，换流站至风电场的距离将较远，导致对柔性直流换流站的无功要求更多，且不利于无功输送至风机。同时，若选择两端VSC-HVDC输电系统结构方式，则在风机一侧将只有一个换流站，该换流站需担负南澳岛上牛头岭、青澳、云澳以及远期塔屿4个风电场的无功需求，由于这4个风电场相距较远，长距离的线路输送将导致对换流站无功需求的增加，不利于换流站设计和运行。因此，工程采用了多端VSC-HVDC输电系统结构。

2. 送出方案拟定

工程采用±160kV多端VSC-HVDC输电系统，受端定于塑城站，在塑城站旁边新建柔性直流换流站，并从换流站新建一回110kV线路接至220kV塑城站的110kV侧。拟定3个接入系统方案，均在保持现有交流线路基础上，另新增VSC-HVDC输电通道。

方案一：分别在青澳、云澳、塔屿风电近区各新建一个柔性直流换流站，牛头岭、云澳风电场各新增一回出线至云澳换流站，青澳、塔屿风电场分别接至青澳、塔屿换流站，经直流送出线路汇集至云澳换流站后集中送至塑城换流站。

各个换流站送出直流线路载流量考虑如下：

1）青澳换流站—云澳换流站直流线路载流量不宜低于150A。

2）塔屿换流站—云澳换流站直流线路载流量不宜低于160A。

3）云澳换流站—塑城换流站直流线路载流量不宜低于625A。

方案一接入系统方案示意图如图6-2所示。

方案二：在金牛站近区新建两个换流站。由于云澳风电场送出线路为T接至牛头岭—金牛线路，共用牛头岭—金牛线路将电力送出，故考虑牛头岭、云澳风电场共用一个换流站。牛头岭—金牛线路在金牛站近区T接出一线路，接至金牛换流站1；青澳—金牛线路在金牛站近区T接出另一线路接至金牛换流站2，并从金牛换流站2新建一VSC-HVDC输电线路至金牛换流站1；塔屿风电近区新建柔性直流换流站，出线接至金牛换流站1，最终经金牛换流站1汇流后集中送出至塑城换流站。

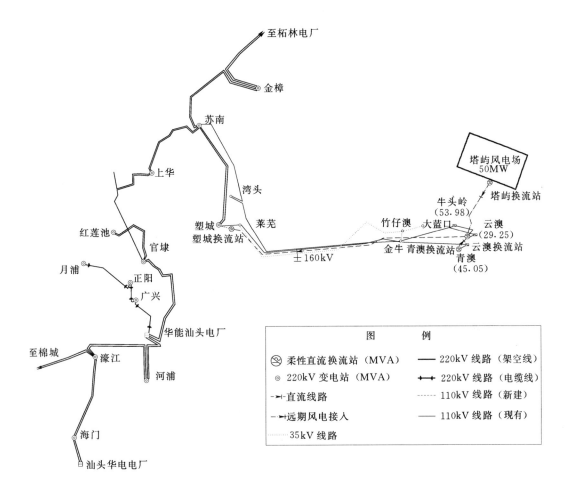

图 6-2 方案一接入系统方案

各个换流站送出直流线路载流量考虑如下：

1）金牛换流站 2—金牛换流站 1 直流线路载流量不宜低于 150A。

2）塔屿换流站—金牛换流站 1 直流线路载流量不宜低于 160A。

3）金牛换流站 1—塑城换流站直流线路载流量不宜低于 625A。

方案二接入系统方案示意图如图 6-3 所示。

方案三：在金牛站及青澳风电场近区分别新建一个换流站。其中金牛变电站新增一回交流出线，接至金牛换流站；青澳风电场新增一回出线至青澳换流站，从青澳换流站新建一 VSC-HVDC 输电线路至金牛换流站；塔屿风电近区新建柔性直流换流站，出线接至金牛换流站，最终经金牛换流站汇流后集中送出至塑城换流站。

各个换流站送出直流线路载流量考虑如下：

1）青澳换流站—金牛换流站直流线路载流量不宜低于 150A。

2）塔屿换流站—金牛换流站直流线路载流量不宜低于 160A。

3）金牛换流站—塑城换流站直流线路载流量不宜低于 625A。

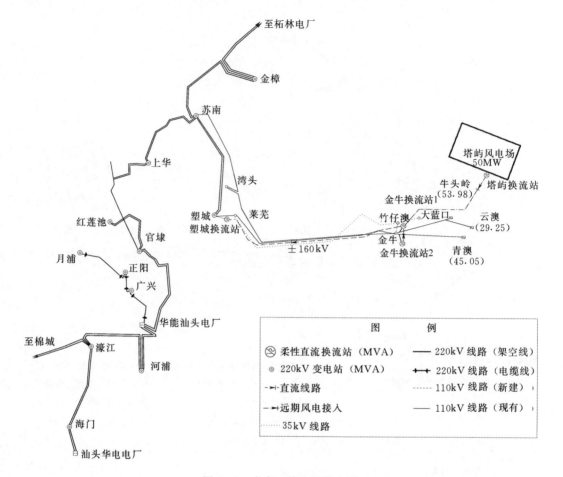

图 6-3　方案二接入系统方案

方案三接入系统方案示意图如图 6-4 所示。

3. 方案比较与推荐方案

（1）技术比较。

1）方案一中，送端本期工程中的两个换流站均在风电场附近，不仅可以满足风机运行时的无功需求，同时可以减少线路上的无功损耗。远期的塔屿风电直接通过换流站汇集到云澳换流站的直流母线上，距离塔屿海上风电场很近，有利于风机运行。但是，方案一在保障南澳岛供电方面并不理想。由于南澳岛供电任务基本依靠金牛变电站，在交流线路故障的情况下，需要该工程保障南澳岛供电。但方案一中的换流站与金牛变电站并无直接联系，在向金牛变电站提供电力方面，存在不稳定因素。

2）方案二中，本期送端两个换流站均在金牛变电站附近，并且两个换流站和金牛变电站均有直接联系，可以很好地保障南澳岛的供电。但是，除远期的塔屿换流站与塔屿风电场无需较长交流线路联系外，牛头岭、青澳、云澳风电场均需通过较长的交流线路送至本期两个换流站，增加了风电系统对换流站的无功需求，不利于风机的稳定运行。

3）方案三中，青澳换流站、塔屿换流站距离风电场很近，减少了无功需求。但牛头

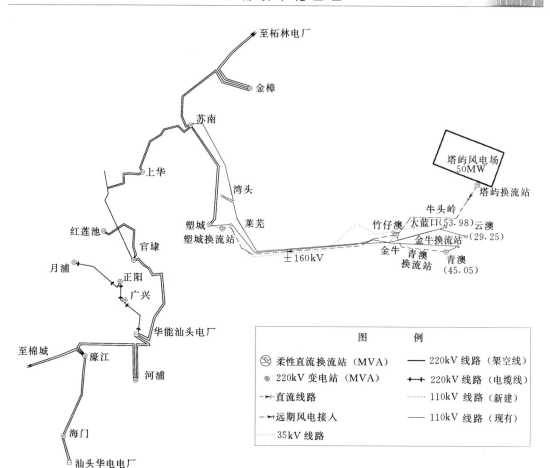

图6-4 方案三接入系统方案

岭和云澳风电场与金牛站距离相对较远，增加了无功需求。同时，金牛换流站与金牛变电站中有一回交流线路直接联系，在南澳岛与大陆交流通道故障时，可通过该工程向金牛站提供电力，保障南澳岛电力供应。

（2）经济比较。由于三个拟定方案在网损方面差别不大，因此经济比较中主要考虑工程造价的不同。

根据初步估算，三个方案的工程造价见表6-2。

表6-2 三个方案工程造价　　　　　　　　　　　　　　　单位：万元

项目类别	方案一		方案二		方案三	
	进口	国产	进口	国产	进口	国产
变电工程	107860	62860	107370	62370	107370	62370
线路工程	15475	14341	13013	11879	14895	13761
合计	123335	77201	120383	74249	122265	76131

注 工程造价未含征地费用。

可以看到，在变电工程造价方面，无论采用进口设备还是国产设备，方案二、方案三的变电投资相同，而方案一的变电投资略高于方案二、方案三。在线路工程造价方面，方案一投资最高，方案三其次，方案二投资最少。综合考虑变电投资和线路投资，方案一投资最高，其次是方案三，方案二投资最低。

（3）推荐方案。根据上述分析，在技术方面，方案三相对较优，方案一、方案二次之。在经济投资方面，方案二投资最少，方案三其次，方案一投资最高。综合考虑经济技术性能，该工程推荐采用方案三。即在金牛站及青澳风电场近区分别新建一个换流站。其中金牛变电站新增一回交流出线，接至金牛换流站；青澳风电场新增一回出线至青澳换流站，从青澳换流站新建一 VSC－HVDC 输电线路至金牛换流站；塔屿风电近区新建柔性直流换流站，出线接至金牛换流站，最终经金牛换流站汇流后集中送出至塑城换流站。

4. 不同工况校核与分析

根据接入系统方案以及供电范围划分，该工程的主要作用是将南澳岛富余风电出力送至大陆塑城站近区消纳，同时兼顾南澳岛供电。考虑南澳岛与大陆之间的现有交流通道不断开，与该工程并联运行，因此，有必要对交直流运行方式进行研究。

（1）正常运行方式。由于该工程担负南澳岛风电送出的任务，而风电出力不稳定，可以预计，在不同风电出力的情况下，该工程与并联交流通道的联络运行方式必然有所不同。风电机组在不同出力情况下选择合适的运行方式，具体需经过潮流计算的校核，下面将分析结果简要介绍。

1）在风电场出力10%的情况下，若 VSC－HVDC 输电系统向南澳岛送电，则在送电功率约4MW的情况下，直流系统和交流系统分别向南澳岛供电约4MW。但在交流系统中，存在潮流来回输送的情况，湾头—金牛线向金牛输送5MW电力，但莱芜—金牛线又向莱芜站输送电力1MW。

2）在风电场出力30%的情况下，湾头—金牛线、莱芜—金牛线均处于轻载状态，风机出力的消纳区域仍主要为南澳岛。在此基础上，富余电力可通过交直流线路共同送出。但直流输送功率不宜过大，否则将导致潮流迂回输送，增加损耗。建议此时直流功率控制在 8～9MW。

3）在风电场出力50%的情况下，共计出力约65MW。其中，扣除南澳岛负荷21MW后，剩余电力约44MW。在此情况下，若控制直流线路功率与交流输送功率相当，则交直流系统均向塑城站送电约20MW。向塑城站近区输送的直流功率不宜超过40MW，且为了使得潮流分布更加均匀，向塑城站近区输送的直流功率宜控制在20MW左右。

4）在风电场出力70%的情况下，共计出力约89MW。其中，扣除南澳岛负荷21MW后，剩余电力约68MW。在此情况下，向塑城站近区输送的直流功率不宜超过60MW，且为了使得潮流分布更加均匀，向塑城站近区输送的直流功率宜控制在30～40MW。

5）在风电场出力90%的情况下，共计出力约116MW。其中，扣除南澳岛负荷21MW后，剩余电力约95MW。因此，向塑城站近区输送的直流功率不宜超过80MW。且为了使得潮流分布更加均匀，向塑城站近区输送的直流功率宜控制在40～60MW。

（2）故障运行方式。

1）交流故障。在正常运行方式下，交直流系统并联运行，交流输电系统和直流输电系统互为备用。若交流系统发生故障，直流系统单一运行，则需考虑在风机不同出力情况下的潮流分布情况，其中：

a. 在风电场出力 10％的情况下则风机发出电力约 13MW，扣除金牛站负荷后，南澳岛仍缺电力约 8MW，因此，需要 VSC - HVDC 输电系统向南澳岛近区供电。

b. 在风电场出力 30％的情况下，则风机发出电力约 38MW，扣除金牛站负荷后，南澳岛富余电力约 17MW。

c. 在风电场出力 50％的情况下，共计出力约 65MW。其中，扣除南澳岛负荷 21MW 后，剩余电力约 44MW。在此方式下，风机出力部分通过直流系统向大陆供电，部分出力由南澳岛自身消纳。

d. 在风电场出力 70％的情况下，共计出力约 89MW。其中，扣除南澳岛负荷 21MW 后，剩余电力约 68MW。

e. 在风电场出力 90％的情况下，共计出力约 116MW。其中，扣除南澳岛负荷 21MW 后，剩余电力约 95MW。因此，需要直流输送功率控制在 90～100MW。

2）直流故障。由于该工程采用单换流器结构，不存在单极金属回线运行方式。因此，在直流系统发生故障时，将只有交流系统处于工作状态。

a. 青澳—金牛故障。若青澳—金牛发生双极故障，则青澳风电场电力需全部由青澳—金牛交流线路送出。考虑到南澳岛最大盈余电力约为 114MW，交直流共同送出时，需控制金牛站直流功率在 100MW 以下。

b. 金牛—坝头故障。若金牛—坝头直流系统发生双极故障，则风电外送以及金牛站供电需全部由交流系统承担。

在风机出力 90％的情况下，风机出力除在南澳岛消纳部分外，需经交流通道送往塑城站近区。且在此情况下，交流通道无过载情况。

若风机出力仅 10％，则仅风机出力不能满足南澳岛地区的负荷需求，需要交流通道向金牛站地区反送功率约 9MW。此时交流通道主要承担南澳岛供电任务。

（3）小结。在正常运行方式下，交直流系统并联运行，互为备用。其中风电场出力是影响交直流系统运行方式的最主要因素。在风电场不同出力的情况下，推荐交直流系统输送功率大致相当。

交流系统故障后直流单一运行时，风电送出以及保障南澳岛供电的任务均由直流系统承担。直流系统需配合风电出力调整输送功率。

青澳—金牛直流故障时，青澳风电场出力均由交流通道送至金牛变电站，同时，可适当调整金牛站输送的直流功率。金牛—坝头直流故障时，南澳岛风电送出及供电保障的任务均由交流系统承担。

5. 送出工程设计总结

该工程计划建成一个±160kV，输送容量约为 200MW 的四端 VSC - HVDC 输电系统。本期工程在汕头南澳岛上建设青澳、金牛 2 个换流站，在澄海区塑城站近区建设坝头换流站，形成三端系统，并配套建设直流侧和交流侧的线路。远期规划送端再扩建塔屿换流站及配套工程，其中牛头岭和云澳风电场通过金牛换流站送出，青澳风电场接入青澳换流站，通过青澳—金牛的直流线路汇集至金牛换流站。汇集至金牛换流站的电力通过直流架空线电缆混合线路送出至大陆塑城换流站，塑城换流站交流出线送至 220kV 塑城站的

110kV 侧。

（1）交流部分建设规模。

1）交流出线。

a. 青澳换流站出线一回交流线路，T 接至 110kV 青澳—金牛单回线路，线路长度约 250m，最大输送容量约 50MVA。

b. 新建 110kV 金牛换流站—金牛变电站单回交流线路，采用电缆方式送电，线路长度约 750m，最大输送容量约 100MVA。

c. 新建塑城换流站—塑城变电站单回交流电缆线路，线路长度约 600m，本期最大输送容量约 150MVA，远期最大输送容量约 200MVA。

2）变电站扩建间隔。

a. 扩建 220kV 塑城站 110kV 间隔一个。

b. 扩建 110kV 金牛变电站 110kV 间隔一个。

（2）直流部分建设规模。本期 VSC - HVDC 输电工程直流部分建设规模如下。

1）换流站。

a. 南澳岛新建换流站两个，即金牛换流站和青澳换流站，容量分别为 100MW 和 50MW。

b. 大陆塑城站围墙内建设塑城换流站，容量为 200MW。

2）直流出线。

a. 新建金牛换流站—塑城换流站 ±160kV 架空和电缆混合线路，其中南澳岛上从金牛换流站出线先后为架空线约 7.6km、电缆约 5km，过海海底电缆约 9km，大陆部分电缆长度约 7km。本期最大输送容量约 150MW，远期最大输送容量约 200MW。

b. 新建青澳换流站—金牛换流站 ±160kV 线路，长度约 12.5km，最大输送容量约 50MW。

6.2.3　柔性直流换流站

汕头南澳岛近区海上风电有资源丰富、规模大的特点，"十二五"规划投产的风电工程有洋东、塔屿海上风电场，"十三五"规划投产的风电有勒门海上风电场。上述海上风电场近区为南澳岛电网，岛上又有牛头岭、青澳、云澳等已建陆上风电场，因此，南方电网选择在南澳岛近区进行示范工程建设，规划建成一个电压等级为 ±160kV，输送容量为 200MW 的四端 VSC - HVDC 输电系统，服务于牛头岭、青澳、云澳和塔屿风电场。分别在汕头南澳岛上建设 2 个送端换流站，在澄海区塑城站近区建设 1 个受端换流站，同期建设直流侧、交流侧的线路以及相关变电站的配套扩建。

6.2.3.1　建设规模

南澳示范工程按照直流电压 ±160kV，输送容量 200MW 建设。工程本期建成 3 个换流站，其中青澳、金牛 2 个送端换流站位于汕头南澳岛，塑城 1 个受端换流站位于汕头澄海区。在金牛站汇流区预留远期 50MW 塔屿换流站的接入位置。

3 个换流站的最终建设规模分别为：

（1）送端青澳换流站。

1）直流双极，额定电压 ±160kV，额定输送容量 50MW；

2）连接变压器容量为 1×63MVA。

（2）送端金牛换流站。

1）直流双极，额定电压±160kV，额定输送容量 100MW；

2）连接变压器容量为 1×120MVA；

3）直流场设置汇流母线，汇流母线输送容量 200MW。

（3）受端塑城换流站。

1）直流双极，额定电压±160kV，额定输送容量 200MW；

2）连接变压器容量为 1×240MVA。

6.2.3.2　电气主接线

柔性直流换流站有单换流器和双换流器两种接线方式，两种接线方式各有优势。单换流器全站设置 1 台连接变压器，具有接线简单、造价低等特点，适用于输送容量较小的场合；双换流器全站需要 2 台连接变压器，具有运行方式灵活、可靠性较高等特点，适用于输送容量大，可靠性要求高的场合。

南澳示范工程是在已有风电场交流送出线路的基础上建设四端 VSC-HVDC 输电系统，额定输送容量仅为 200MW，故本期建设的 3 个换流站均按照单换流器双极接线型式设计。换流站单换流器的桥臂通过阀电抗器与连接变压器相接后引入站内 110kV 交流配电装置。换流器采用基于 MMC 拓扑结构，直流侧配有直流电抗器、直流电压测量装置、直流电流测量装置、直流隔离开关及过电压保护设备等，可以实现对称双极的接线方式。

110kV 交流配电装置按照单母线接线方式，选用户内 GIS 设备与双绕组连接变压器相连，站用电源 2 回由站外 10kV 引接。

全站设置 2 台 10kV 干式站用变压器，互为备用，容量 1250kVA，变比 10.5±2×2.5％/0.4kV，阻抗电压 6％，连接方式 Dyn11。

380/220V 侧采用单母线分段接线，1 号站用变压器、2 号站用变压器 380V 侧分别接于两段母线上，双列布置在 10kV/380V 配电室内。

6.2.3.3　主要电气设备选择

换流站交流侧设备主要参数见表 6-3。

表 6-3　换流站交流侧设备主要参数

换流站名称	进线	启动回路		交流场与阀厅的电气连接
		HGIS	启动电阻	
青澳	110kV GIS，额定电流 2000A，短路电流 31.5kA（4s）	163kV HGIS，额定电流 1600A，短路电流 40kA（3s）	163kV，2000Ω	163kV GIL，电流有效值（最大）103A，其中交流工频分量 89A，直流偏置分量 53A，二倍频分量 21A
金牛	110kV GIS，额定电流 2000A，短路电流 31.5kA（4s）	163kV HGIS，额定电流 1600A，短路电流 40kA（3s）	163kV，2000Ω	163kV GIL，电流有效值（最大）207A，其中交流工频分量 177A，直流偏置分量 105A，二倍频分量 39A
塑城	110kV GIS，额定电流 3150A，短路电流 31.5kA（4s）	168kV HGIS，额定电流 1600A，短路电流 40kA（3s）	168kV，2000Ω	163kV GIL，电流有效值（最大）405A，其中交流工频分量 354A，直流偏置分量 209A，二倍频分量 70A

另外，110kV GIS 连接变压器进线侧断路器需要考虑切合感性、容性电流的能力。

1. 换流器

换流器采用 MMC 拓扑结构，接线示意图如图 6-5 所示。

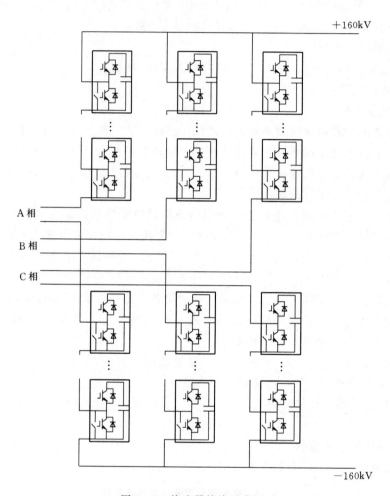

图 6-5　换流器接线示意图

（1）换流器阀开关器件。换流器采用 MMC 拓扑结构，两种类型开关器件（模块式 IGBT 和压接式封装 IGBT）都可以满足要求。两种类型开关器件各有优劣，其技术经济性能比较见表 6-4。与压接式封装 IGBT 相比，模块式 IGBT 有较大的选择余地，器件供应较为有保证，换流器易于实现国产化，所以考虑采用模块式 IGBT。

IGBT 电压、电流的选择需要与换流器的直流电压等级、输送容量相匹配。目前，常用的高压 IGBT 器件的标称电压主要有 3300V、4500V 和 6500V。在实际设计时，考虑到开关器件开关动作时产生的尖峰电压，以及直流电容电压上存在的波动，在选择器件电压等级时需要考虑留有 1.5～2.0 倍的裕量。IGBT 器件所标称的电流值通常是指所能持续流过的有效电流值，这个电流主要受到器件发热的限制，一般在使用 IGBT 器件时也会考虑到使其电流承受能力留有 1.5～2.0 倍裕量。

表 6-4 模块式 IGBT 和压接式封装 IGBT 技术经济性能比较

项目	模块式 IGBT	压接式封装 IGBT
技术成熟度	高	一般
失效短路模式	无，需要利用额外的开关器件来实现	有
3300V 及以上等级器件最大电流能力	1500A	2500A
串联难易度	困难	容易
散热性能	一般	好
压装工艺	简单	复杂，难度大
安全性	故障时可能会爆炸	故障不会发生爆炸
价格	低	高
生产商	多，主要有英飞凌、三菱、日立、ABB、DYNEX 等	少，ABB 和西码

根据电压等级、容量和器件的可选性，考虑 3300V 和 4500V 两种电压等级的 IGBT。开关器件参数见表 6-5。

表 6-5 开 关 器 件 参 数

换流站名称	额定电压 /kV	额定容量 /MW	额定电流 /A	桥臂电流 /A	开关器件参数	
					额定参数	实际利用电压/V
青澳	±160	50	156.25	103	3300V/300A	1600
					4500V/300A	2500
金牛	±160	100	312.5	207	3300V/600A	1600
					4500V/600A	2500
塑城	±160	200	625	405	3300V/1200A	1600
					4500V/1200A	2500

（2）换流器阀子模块。

1）子模块电容。对于 MMC 拓扑结构的换流器，子模块电容为换流器提供直流电压，同时可以缓冲系统故障时引起的直流侧电压波动、减小直流侧电压纹波并为受端站提供直流电压支撑。子模块电容的取值与很多因素相关，进行参数选择时，往往考虑几种主要的电气特性折中考虑，一般从子模块稳态电压波动、暂态电压波动、直流系统动态响应特性及直流双极短路时的设备安全裕度等 4 个方面综合考虑子模块电容的取值。子模块电压波动按不大于 10% 考虑，各换流站子模块电容最小值见表 6-6。

表 6-6 子 模 块 电 容 最 小 值   单位：μF

换流站名称	3300V 器件	4500V 器件
青澳	1456	926
金牛	2920	1847
塑城	5884	3676

由于 IGBT 的快速开关导致的高频脉冲电流会经过由阀、直流电容、直流母线形成的

回路，若这个回路中杂散电感过大，尤其在故障时电流变化率增加，会在阀上产生一个很大的电压应力，甚至导致阀的损坏。因此直流电容上的杂散电感要尽量小，一般选用干式金属化膜电容。这种电容具有自愈功能、耐腐蚀（使用金属或塑料外壳封装）、电感较低等特点。南澳示范工程子模块电容采用干式金属化膜电容。

2）子模块个数。换流器直流电压等级与开关器件实际利用电压决定了每相桥臂子模块个数。同时考虑可靠性和可用率，每相桥臂子模块个数需考虑一定的冗余，当某一子模块故障时，通过闭合子模块中的快速旁路开关使故障子模块短路，退出运行，投入冗余子模块，不影响换流器的正常工作，待检修维护时，对故障子模块进行更换，考虑了10%的冗余。每相桥臂子模块个数见表6-7。

表6-7 每相桥臂子模块个数

3300V 器件		4500V 器件	
不考虑冗余	考虑10%的冗余	不考虑冗余	考虑10%的冗余
200	220	128	140

（3）换流器绝缘冷却方式。从绝缘方式看，换流器有空气绝缘、油绝缘和 SF_6 绝缘等。从冷却方式看，换流器有水冷却、风冷却、油冷却、氟利昂冷却等。根据 LCC-HVDC 输电工程采用空气绝缘、水冷却方式的运行情况，其冷却效果理想，检修维护方便，设计、制造技术成熟，运行经验非常丰富，是换流器的主流。根据站址水源及气象条件，采用空气绝缘、水冷却的方式。

（4）换流器触发方式。柔性直流换流器的触发方式主要为光电转换触发方式。光电转换触发方式将阀控系统得到的触发信号经阀基电子设备（VBE）转换成光信号，通过光纤传送到每个 IGBT 的门极控制单元（GDU），在门极控制单元把光信号再转换为电信号，经放大后触发 IGBT 开关器件。光电转换触发利用了光器件和光纤的优良特性，实现了触发脉冲发生装置和换流器之间低电位和高电位的隔离，同时也避免了电磁干扰，减小了各元件触发脉冲的传递时差，使触发电路简单化和小型化，并使能耗减少，造价降低。本工程换流器触发方式考虑采用光电转换触发方式。

（5）换流器安装方式。换流器的安装方式可以是悬挂式，也可以是卧式（支持式）。目前，已投运工程中两电平和三电平的换流器都是采用悬挂式布置，MMC 结构的换流器采用卧式布置。悬挂式的安装方式可以使换流器能够抵御地震和其他的一些振动的影响。

目前国内厂家的 MMC 结构的换流器采用的是卧式布置设计，所以本工程换流器考虑卧式布置。由于工程站址地震烈度为8级，换流器需要能够抵抗地震烈度8级。

2. 连接变压器和阀电抗器

连接变压器与阀电抗器是柔性直流换流站与交流系统之间传输功率的纽带，连接变压器的变比选择应使得换流器出口电压与换流阀侧电压匹配，而连接变压器的漏抗与阀电抗器的电感值一般并无准确的计算公式，通常根据经验综合考虑各方面因素选择，然后通过计算或仿真进行校验。阀电抗器电抗值的选择需要考虑换流器的无功电流输出能力、桥臂环流、PCC（公共连接点）的谐波水平、直流线路谐波、响应速度等因素。另外，应配合连接变压器漏抗的选择，尽可能使连接变压器的漏抗为标准值。

（1）连接变压器。连接变压器采用三相双绕组有载调压电力变压器，电网侧按三角形连接，避免谐波分量进入交流电网；换流阀侧按星形连接，中性点引出。其初步参数见表 6-8。

表 6-8 连 接 变 压 器 参 数

换流站名称	容量/MVA	电压/kV	连接组别	短路阻抗/%
青澳	63	110/163±8×1.25%	Dyn11	6
金牛	120	110/163±8×1.25%	Dyn11	6
塑城	240	110/168±8×1.25%	Dyn11	6

（2）阀电抗器。为了减少传送到系统侧的谐波，阀电抗器应采用杂散电容很小的电抗器。为了减小换流器每个开关过程产生的高 du/dt 对换流器的强应力，阀电抗器应尽量使用干式空心电抗器，避免使用油浸式电抗器及铁芯电抗器。阀电抗器采用干式空心电抗器，各换流站阀电抗器的技术参数见表 6-9。

表 6-9 阀 电 抗 器 参 数

换流站名称	额定电压/kV	额定电感/mH	电流有效值（最大）/A	工频电流有效值/A	直流偏置分量/A	二倍频分量/A
青澳	163	540	103	89	53	21
金牛	163	271	207	177	105	39
塑城	168	144	405	354	209	70

3. 直流场设备

直流场设备主要包含穿墙套管、直流电抗器、隔离开关、电流测量装置、电压测量装置、避雷器等。其中穿墙套管考虑采用干式，直流电抗器采用干式空心，电流测量装置考虑采用光电式，同时可与隔离开关集成。各换流站直流场设备主要参数见表 6-10。

表 6-10 直 流 场 设 备 主 要 参 数

换流站名称	穿墙套管（额定电压，额定电流）	直流电抗器（额定电压，电抗值，额定电流）	隔离开关（额定电压，额定电流，短路电流）
青澳	160kV，160A	160kV，10mH，160A	160kV，160A，25kA（1s）
金牛	160kV，320A	160kV，10mH，320A	160kV，320A，25kA（1s）
塑城	160kV，625A	160kV，10mH，625A	160kV，625A，25kA（1s）

4. 交流侧设备

交流侧设备考虑采用紧凑化设备，GIS 和 HGIS。

（1）110kV 配电装置采用 GIS 设备。

（2）启动回路。启动回路接线结构比较特殊，存在隔离开关与断路器并联回路，如图 6-6 所示，若采用紧凑化设备，考虑启动电阻很难集成到 GIS 中，把启动电阻单独设置，为了接线便捷，需要考虑单相 HGIS，如图 6-6 中点划线内所示范围。

（3）交流场与阀厅的电气连接。交流场位于一层，阀厅位于二层，综合考虑相序变更

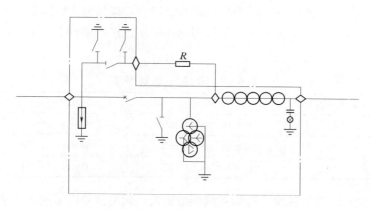

图 6-6 启动回路接线

难易、接地刀闸和电流测量装置集成的可行性和综合投资，充分利用 GIS 设备连接的灵活性，采用 GIS 纵向连接一层交流场设备与二层换流阀的方式。

（4）站用变系统。各换流站设置 1 台 110kV 站用变压器，110＋8×1.25％/10.5kV，6300kVA，U_k＝10.5％；2 台 10kV 站用干式变压器，10.5/0.4kV，1250kVA，U_k＝6％。10kV 开关柜采用中置式开关柜，380V 配电屏采用抽屉式，加装智能模块。

6.2.3.4 过电压保护

换流站内设备的主要保护装置为金属氧化锌避雷器，避雷器保护配置方案如图 6-7 所示。

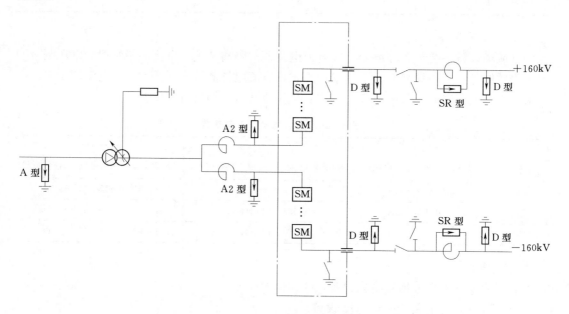

图 6-7 换流站避雷器配置方案

A 型—保护变压器交流系统侧；A2 型—保护阀电抗器、连接变压器二次侧；D 型—保护
直流线路设备，间接保护换流阀等设备；SR 型—保护直流电抗器；SM—换流器

换流站避雷器保护水平见表 6-11。

表 6-11 换流站避雷器保护水平

类　　型	A	A2	D	SR
CCOV/MCOV/kV	102	168	168	—
LIPL，配合电流/(kV，kA)	266，10	302，10	302，10	238，5
SIPL，配合电流/(kV，kA)	240，1	271，2	271，2	158，1
避雷器能量/MJ	>1	>2.57	>4.5	—

6.2.4 多端柔性直流系统运行与控制

6.2.4.1 多端系统控制方式

南澳示范工程的系统控制方式采用"主从控制方式"，主从式控制方式在柔性直流输电系统各换流站之间设置上层控制器。上层控制器采集到各换流器的电流值（或功率值），并计算出这些数值的代数和，然后根据特定的控制要求或优化方案，按一定的比例分配给各换流站的换流器（包括主换流器），作为运行参考设定值。上层控制器具备与多端系统各换流站通信的能力，对于多换流器系统而言，为了保持系统协调稳定运行，需要上层控制器的快速协调控制。

主站选择定直流电压控制，与有源交流系统相连的换流站选择定有功功率控制方式，与无源交流系统相连的换流站选择定交流电压控制方式。选择定直流电压控制的换流站（主站）相当于一个功率平衡节点和直流电压稳定节点，为了减少直流电压波动，同时保证扰动时充当功率平衡节点的换流站不过载，需要定直流电压控制换流站尽可能选择容量较大换流站。示范工程中塑城换流站容量较大，在直流三端运行方式下，选择该站为定直流电压控制方式，其余与交流系统相连的换流站选择为定有功功率控制方式，换流站功率输出特性如图 6-8 所示。

南澳示范工程"主从控制方式"通过塑城、金牛和青澳三个换流站分别配置冗余的系统与换流站级控制器（SCC），并且3 个换流站通过站间高速光纤实现通信。

SCC 采用完全冗余的两套系统。每一套系统对自身进行监视，发现故障后及时进行冗余系统间的切换，确保始终有完好的一套系统处于工作状态。从工作子系统到并列的冗余子系统之间运行状态的转换可以手动实现，当检测出工作子系统故障时，这种状态转换是自动的。如果有一个子系统有故障或已经被人工切换到维修状态，则其不能转换到运行状态。子系统状态的转换不能影响到直流系统的正常运行，不使传输的直流功率受到扰动或产生任何变化。单个换流站的 SCC 配置如图 6-9 所示。

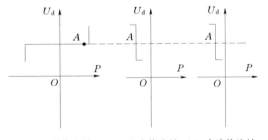

（a）塑城换流站　（b）金牛换流站　（c）青澳换流站

图 6-8　多端柔性直流输电换流站功率输出特性

SCC 站间通信使用双网加双交换机方案，SCC 主机、备机发送和接收，发送和接收

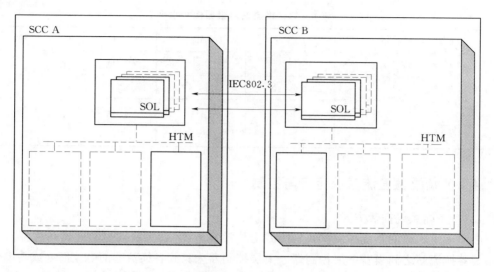

图 6 - 9　柔性直流系统 SCC 冗余示意图

采用双通道，每个通信通道采用专用光缆纤芯通信。

通过配置冗余的 SCC 和双网加双交换机通信的方案实现南澳示范工程三个换流站的主从控制。

6.2.4.2　多端系统上层控制策略

多端系统上层控制策略主要有电压下降控制方式和主从控制方式。采用"电压下降控制"的上层控制策略的多端系统具有良好的扩充性与运行灵活性，但是随着系统规模增大，直流系统的静态稳定性将降低，因此不适合大规模系统。而多端系统各换流器间联系电抗很小，为避免功率振荡，一般多端系统都采用一点直流电压控制的主从式控制的上层控制策略。南澳示范工程采用的也是主从式控制的上层控制策略。

南澳示范工程采用的"主从式控制"策略总体上包含有功综合控制、无功综合控制、VF 综合控制、直流电压控制、控制模式的选择和切换五大类功能。有功综合控制功能能够灵活地控制多端柔性直流输电的有功功率以满足风电输送的需求，并且在交流输电线路过载时提供直流紧急功率抬升，提升交直流并联运行的故障穿越能力。无功综合控制功能能够灵活地控制多端 VSC - HVDC 输电的无功功率以满足稳态调压、暂态电压需求，提供无功支撑、防止电压崩溃、加速故障后电压恢复。VF 综合控制功能能够在孤岛模式下为风电场提供并网接口，并且在塑城电网故障时，通过控制风电场并网点的交流电压快速地降低风电场功率，提升纯直流方式的故障穿越能力。直流电压控制功能能够灵活地控制多端 VSC - HVDC 输电的直流电压，维持启停过程和暂、稳态过程中直流网络电压的稳定，保障多端 VSC - HVDC 输电的安全稳定运行。控制模式的选择和切换功能，协调和管理各种功率控制功能，保证换流器的控制模式和多端 VSC - HVDC 输电的运行方式相匹配且能够平滑切换。

上层控制策略的控制模式选择和切换模块负责各种控制模式之间的管理和协调。南澳示范工程可以在以下 3 种方式下运行，分别对应不同的控制策略。

（1）交直流并联运行方式。该方式下，风电场通过 VSC - HVDC 输电线路和交流线路接入系统，考虑到输电的经济性，稳态运行要求 VSC－HVDC 输电作为交流输电的补充来配合完成风电场的功率输送，并根据交流输电的需要提供无功支撑。交流系统（受端电网或者交流输电线路）因扰动而发生暂态故障时，要求 VSC－HVDC 输电维持风电场的并网状态，最大限度地维持功率的传输。具体而言，在受端电网发生远端故障时，柔性直流输电应当对交流线路电压提供快速电压支撑，最大限度地维持功率的传输，以帮助风电场实现低压穿越；在交流双回线路发生单回线跳闸时，要求 VSC－HVDC 输电快速提升功率，防止单回线路过载，再根据重合闸的情况调整输送功率；在交流双回线路跳闸时，VSC－HVDC 输电应当快速转入纯直流运行方式，为风电场提供并网电压，维持风电场的并网状态，最大限度地维持功率传输，再根据重合闸的情况调整运行方式和输送功率。

为满足风电场运行要求，改善系统侧交流电网的运行条件，从无功调节和电压控制来说，风电场侧换流站（金牛换流站和青澳换流站）采用定交流侧电压控制；从有功平衡来说，风电场侧换流站（金牛换流站和青澳换流站）采用定有功功率控制或定直流电压控制。

受端换流站（塑城换流站）需要稳定系统直流运行电压，有功类控制器选择直流电压控制，无功类控制器选择交流电压控制或无功功率控制，并且交流电压控制和无功功率控制均可手动切换。

（2）纯直流运行方式。该方式下，风电场仅通过 VSC－HVDC 输电线路接入系统，稳态运行要求 VSC－HVDC 输电系统提供风电场的并网电压，输送风电场的全部功率，并根据受端电网的需要提供无功支撑。受端电网发生远端故障时，要求 VSC－HVDC 输电系统具备故障穿越能力，能够协调控制风电场功率快速回降，保证风电场和 VSC－HVDC 输电系统均不退出运行。

因此，为满足风电场运行要求，改善系统侧交流电网的运行条件，从无功调节和电压控制来说，风电场侧换流站（金牛换流站和青澳换流站）采用定交流侧电压控制；从有功平衡来说，风电场侧换流站（金牛换流站和青澳换流站）采用定交流侧频率控制。

受端换流站（塑城换流站）需要平衡有功功率，有功类控制器选择直流电压控制，无功类控制器选择交流电压控制或无功功率控制，并且交流电压控制和无功功率控制可以手动切换。

（3）STATCOM 运行方式。该方式下，VSC－HVDC 输电系统以 STATCOM 方式运行，不传输有功潮流，仅参与交流系统电压/无功调节，稳态运行要求 VSC－HVDC 输电系统根据交流输电的需要提供无功支撑。在受端电网发生远端故障时，VSC－HVDC 输电系统应当对交流线路提供快速电压支撑，以帮助风电场进行低压穿越。

因此为满足风电场运行要求和改善交流电网的运行条件，风电场侧换流站（金牛换流站和青澳换流站）采用定直流侧电压控制或定交流侧电压控制。

受端换流站（塑城换流站）有功类控制器选择直流电压控制，无功类控制器选择交流电压控制或无功功率控制，并且交流电压控制和无功功率控制可以手动切换。

6.2.4.3　多端系统启停控制

南澳示范工程多端 VSC－HVDC 输电系统的启停控制包括 STATCOM 启动及停运、

交直流并联运行方式启动及停运、紧急停运的控制等。

1. STATCOM 启动及停运

（1）启动过程。启动过程如图 6-10 所示。

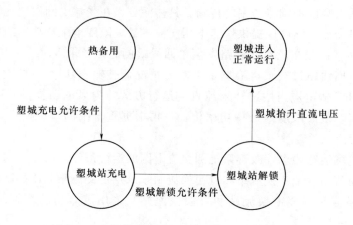

图 6-10 启动到 STATCOM 运行方式的主流程

三站可单独操作，在此仅以塑城站为例描述启动流程，主要包括：塑城站进行充电操作，闭合塑城站旁路开关，下发塑城站解锁指令；塑城站进行解锁操作后，下发本地电压抬升指令，然后进入 STATCOM 运行状态。

（2）停运过程。停运过程如图 6-11 所示。

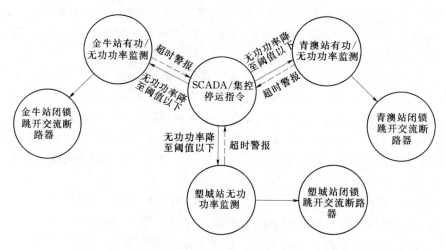

图 6-11 系统运行于 STATCOM 模式下的闭锁停运流程

1）接收到停运本站指令后，按照规定速率降低本站无功功率指令，发送至本站换流器级控制保护系统。

2）监测本站无功功率实际值。

3）当本站无功功率值小于预设阈值后，发送指令闭锁本站，转至 4）。如超过 2min未检测到本站无功功率值小于预设，发送告警指令至塑城系统与换流站级控制器（SCC）和本站 SCADA，结束。

4）检测本站的闭锁状态，上送至塑城 SCC 和本站 SCADA。若超过 2min 未检测到本站闭锁成功的状态，向塑城 SCC 和本站 SCADA 发送告警，由运行人员决定是否启动紧急停运流程。

5）在闭锁完成后本站 SCC 下发跳开交流断路器指令，如果在 2min 内检测不到交流断路器跳开状态，向本站 SCC 和 SCADA 发出告警。

2．交直流并联运行方式启动及停运

（1）启动过程。启动过程如图 6-12 所示。

1）各站参数设置。运行人员在塑城站设置启动参数，包括直流电压抬升起始值、直流电压抬升的目标值和直流电压抬升速率，转入充电状态。

2）塑城站进行充电。首先，塑城站 SCC 检测塑城站、金牛站和青澳站的充电允许状态。综合后，发送至塑城站 SCADA。然后，塑城站进行检测旁路开关合闸状态过程：如果在充电结束后 1min 内检测到合闸成功，则塑城站充电完成，向本地 PCP 下发充电完成状态，转入对青澳换流站进行充电；如果超时或检测到合闸失败，则塑城站充电失败，跳开塑城站交流断路器，进行停运操作。

3）青澳站进行充电。首先，塑城站检测青澳站的充电允许状态。然后，青澳站进行检测旁路开关合闸状态过程：如果充电结束后 1min 内检测到合闸成功，则青澳站充电完成，向本地 PCP 下发充电完成状态，向塑城站 SCC 发送青澳站充电完

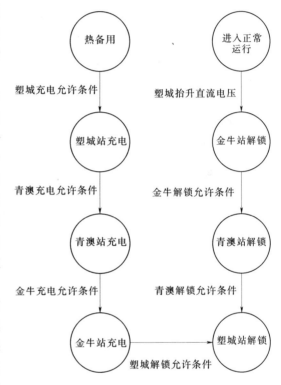

图 6-12 启动到交直流并联运行方式的主流程

成，转入对金牛换流站进行充电；如果超时或检测到合闸失败，则青澳站充电失败，跳开青澳站交流断路器，向塑城站发送紧急闭锁信号。

4）金牛站进行充电。首先，塑城站检测金牛站的充电允许状态。然后，金牛站进行检测旁路开关合闸状态过程：如果在 1min 内检测到合闸成功，则金牛站充电完成，向本地 PCP 下发充电完成状态，向塑城站 SCC 发送金牛站充电完成，转入对塑城站进行解锁；如果检测到合闸失败，则金牛站充电失败，跳开金牛站交流断路器，向塑城站发送紧急闭锁信号。

5）塑城站进行解锁。青澳站和金牛站 SCC 将青澳站允许解锁状态和金牛站允许解锁状态发送给塑城站 SCC。如果塑城站 SCC 收到以上解锁允许状态，转发至本地 SCADA，由运行人员下发解锁指令，塑城站进行解锁操作过程；否则进入等待状态。延时 5 个工频周期后，SCC 判断 PCP 发来的脉冲状态，如果是解锁状态，则转入对青澳换流站进行解锁；否则闭锁本站，跳开塑城站交流断路器，进行停运操作。

6）青澳站进行解锁。如果塑城站 SCC 接收到青澳站的允许解锁状态，由塑城站 SCC 向青澳站 SCC 下发解锁指令，青澳站进行解锁操作过程，否则进入等待状态。延时 5 个工频周期后，SCC 判断 PCP 发来的脉冲状态：如果是解锁状态，向塑城站 SCC 发送青澳站解锁完成信号，转入对金牛换流站进行解锁；否则闭锁本站，跳开青澳站交流断路器，向塑城站发送紧急闭锁信号。

7）金牛站进行解锁。如果塑城站 SCC 接收到金牛站发来的允许解锁状态，由塑城 SCC 向金牛站发 SCC 下发解锁指令，金牛站进行解锁操作过程，否则进入等待状态。延时 5 个工频周期后，SCC 判断 PCP 发来的脉冲状态：如果是解锁状态，向塑城站 SCC 发送金牛站解锁完成信号，转入直流电压抬升；否则闭锁本站，跳开金牛站交流断路器，向塑城站发送紧急闭锁信号。

8）直流电压抬升。在三站解锁完毕后，由塑城站 SCC 按照设定的启动参数进行直流电压抬升操作。三站 SCC 如果在 1h 内检测到直流电压抬升至额定值范围内，则在 30s 内自动转入稳态运行方式，三站 SCC 向本地 SCADA 发送"进入正常运行"指令。

9）进入交直流并联运行状态。

（2）停运过程。停运过程如图 6－13 所示。

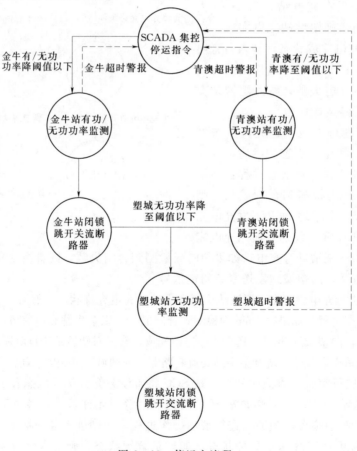

图 6－13 停运主流程

应该先停运金牛站和青澳站，最后停运塑城站。运行人员在确认金牛站和青澳站全部成功闭锁之后，可下发停运塑城站的指令。金牛站和青澳站可以按照任意顺序停运，也可以只停运其中的一个站，而剩下的两个站转入两端交直流并联运行。

1）金牛站闭锁（青澳站与此相同）过程如下：

a. 金牛站接到停运指令后，按照规定速率降低金牛站的有功和无功功率指令，发送至本站 PCP。

b. 金牛站监测有功功率和无功功率实际值。

c. 当金牛站有功功率和无功功率值小于预设阈值后，发送指令闭锁本站，转至 d。如超过 2min 未检测到金牛站有功功率和无功功率值小于预设阈值，发送告警指令至塑城 SCC 和本站 SCADA，结束。

d. 金牛站在 2min 内检测本站闭锁状态，送至塑城站，塑城站将金牛站闭锁的状态发送给 SCADA。若超过预设时间未能检测到本站闭锁成功，向塑城站 SCC 和本站 SCADA 发告警。

e. 在闭锁完成后本站 SCC 下发跳开交流断路器指令，如果在 2min 内检测不到交流断路器跳开状态，向塑城站 SCC 和本站 SCADA 发告警。

2）塑城站闭锁过程为

a. 塑城站 SCC 接收到 SCADA 下发的塑城站停运指令后，按照规定速率降低本站无功功率指令，发送至本站 PCP。

b. 塑城站监测本站无功功率实际值。

c. 当塑城站无功功率值小于预设阈值后，发送指令闭锁本站，转至 d。如超过预设时间未检测到塑城站无功功率值小于预设值，发送告警指令至 SCADA，结束。

d. 塑城站在 2min 内检测本站的闭锁状态，上送至本站 SCADA。若超过预设时间未检测到本站闭锁成功的状态，向 SCADA 发送告警，由运行人员决定是否启动紧急停运流程。

e. 在闭锁完成后本站 SCC 下发跳开交流断路器指令，如果在 2min 内检测不到交流断路器跳开状态，向本站 SCC 和 SCADA 发告警。

3. 紧急停运控制

直流系统在运行过程中，由于系统故障或保护动作等原因的停运称为紧急停运。其操作步骤是向待停运换流器发出紧急闭锁信号，继而跳开相应的直流开关和交流断路器。除了保护启动的紧急停运外，还可以手动启动紧急停运。通常，在换流站主控制室内设有手动紧急停运按钮，当发生危及人身或设备安全的事件时，可手动按下紧急停运按钮，实现紧急停运。

南澳示范工程在 3 个换流站的调度台配置了一个紧急停运按钮，按钮的无源空接点接到换流器控制保护屏。当出现紧急情况，运行人按下紧急按钮，换流站的停运逻辑发送到换流器控制保护屏，换流器控制保护屏收到信号的第一时间进行阀闭锁同时跳交流断路器，停运信息同时通过高速光纤传到站级控制系统，通过 3 个站之间的通信实现其余两个站的阀闭锁和跳交流断路器。

6.2.5 柔性直流换流站保护配置

6.2.5.1 保护配置原则与特点

1. 保护配置原则

南澳示范工程的保护配置遵循以下原则：

（1）可靠性。

（2）灵敏性。

（3）选择性。

（4）快速性。

（5）可控性。

（6）安全性。

（7）可维护性。

2. 柔性直流保护特点

南澳示范工程中柔性直流保护系统具有以下特点：

（1）具有完善的系统自监视功能，防止由于直流保护系统装置本身故障而引起不必要的系统停运。

（2）每一个设备或保护区的保护采用双重化设计，任意一套保护退出运行不能影响直流系统功率输送。每重保护采用不同测量器件、通道、电源和遵循不同的出口的配置原则。

（3）方便的定值修改功能。可以随时对保护定值进行检查和必要的修改。

（4）采用独立的数据采集和处理单元模块。

（5）采用动作矩阵出口方式。

（6）所有保护的报警和跳闸都在运行人员工作站上的事件列表中显示。

（7）保护有各自准确的保护算法和跳闸、报警判据，以及各自的动作处理策略；根据故障程度的不同、发展趋势的不同，某些保护具有分段的执行动作。

（8）所有直流保护有软件投退的功能，每套保护屏装设有独立的跳闸出口压板。

（9）设置保护工程师工作站，该工作站可显示或修改保护动作信号、装置故障信号、保护定值、故障波形。

（10）保护装置上、下电时保护不误动作。

（11）直流保护系统具备在线测试功能。保护自检系统检测到系统本身严重故障时，闭锁部分保护功能；在检测到紧急故障时，闭锁保护出口。

3. 保护动作功能

南澳示范工程直流保护系统根据不同的故障类型，采取不同的故障清除措施，具体出口动作处理策略类型如下：

（1）报警。当系统发生某些轻微故障时，保护系统发出告警信号给值班人员或远方调度人员。

（2）请求控制系统切换至备用控制系统。

（3）闭锁换流器。当出现某些严重故障时发送永久闭锁脉冲至 IGBT，关断换流阀组。

（4）触发晶闸管。当出现过电流或过电压时，通过停止向 IGBT 器件发送触发脉冲，实现对电流的抑制。当电流或电压降低到安全范围内时重新触发。

（5）跳交流进线断路器（同时锁定交流开关，并启动断路器失灵保护）。当交流系统（如变压器）发生严重故障时，通过跳开交流断路器实现交直流系统的隔离，同时降低阀组承受的过电压。跳开断路器的同时应闭锁断路器的合闸，并启动断路器失灵保护。

（6）禁止解锁。直到故障解除，否则禁止解锁。

6.2.5.2 保护区域的划分

与 LCC-HVDC 输电系统相似，VSC-HVDC 输电系统的保护配置原则采取分区配置，南澳示范工程将换流站保护划分为 4 个保护区域，分别为交流保护区、交流母线保护区、换流器保护区及直流极保护区。如果是多端直流的汇流站，需增加一个直流汇流母线保护区（如南澳示范工程中的金牛换流站），具体如图 6-14 所示。

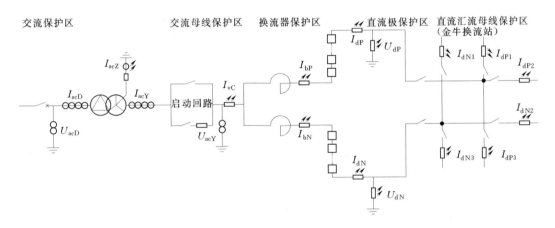

图 6-14 多端全站保护区域划分示意图

交流保护区域包括连接变压器至交流侧断路器区域。

交流母线保护（或称启动回路保护）区域包括换流变压器阀侧套管至桥臂电抗器电网侧区域。

换流器保护区域包括桥臂电抗器电网侧至阀厅极线侧直流穿墙套管区域。

直流极保护区域包括阀厅极线侧直流电流互感器至直流线路所有直流设备（包括平波电抗器、直流线路）。

6.2.5.3 保护配置

（1）保护交流区。交流保护区的保护主要包括连接变压器保护及交流断路器失灵保护，与常规交流保护类似，在此不再赘述。

（2）交流母线保护区。交流母线保护区配置示意如图 6-15 所示，保护配置列表见表6-12。

（3）换流器保护区。换流器保护区配置示意如图 6-16 所示，保护配置列表见表 6-13。

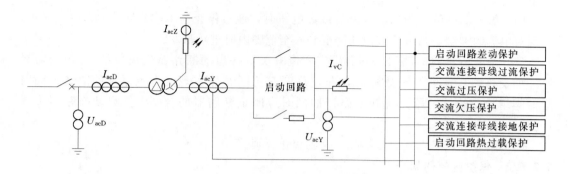

图 6-15 交流母线区保护配置示意图

表 6-12 交流母线区保护配置列表

保 护 名 称	反 应 的 故 障 类 型
启动回路差动保护	当直流系统充电时或是直流系统正常运行时，发生启动回路或其旁路回路接地及相间故障
交流连接母线过流保护	短路故障导致的过流
交流过压保护	交流系统异常引起交流电压过高
交流欠压保护	交流低电压
交流连接母线接地保护	换流变压器阀侧绕组到换流阀之间的区域接地
启动回路热过载保护	启动过程中启动电阻过热

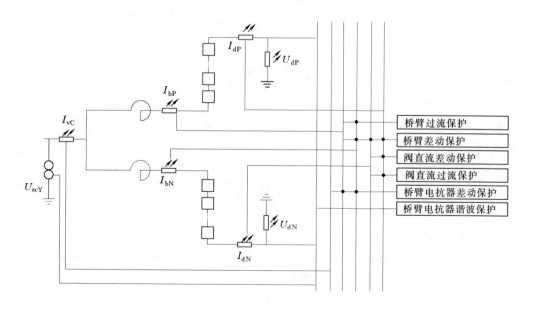

图 6-16 换流器保护区配置示意图

表 6-13　换流器保护区配置列表

保 护 名 称	反 应 的 故 障 类 型
桥臂过流保护	检测换流阀的接地、短路故障，以及换流阀过载
桥臂差动保护	桥臂低压侧接地故障、桥臂低压侧相间故障、换流器区极对地故障、换流器区极间故障、桥臂阀组接地故障、桥臂阀组相间故障或极间故障
阀直流差动保护	换流阀、换流桥臂、直流极线的故障
阀直流过流保护	防止直流电流过大造成设备损坏
桥臂电抗器差动保护	桥臂电抗器接地故障、桥臂电抗器相间故障
桥臂电抗器谐波保护	主要保护桥臂电抗器匝间故障

（4）直流极保护区。直流极保护区配置示意图如图 6-17 所示，保护配置列表见表 6-14。

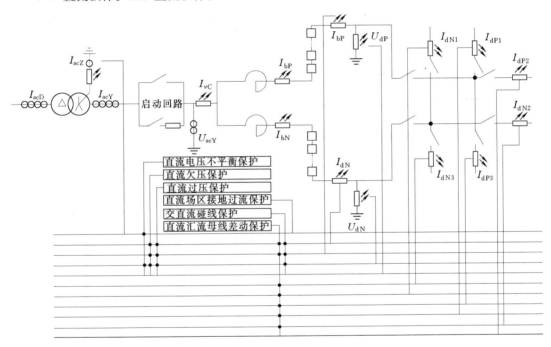

图 6-17　直流极保护区配置示意图

表 6-14　直流极保护区配置列表

保 护 名 称	反 应 的 故 障 类 型
直流电压不平衡保护	直流极、直流线路接地故障
直流欠压保护	直流低电压且在无通信状态下换流站无法自动停运的故障
直流过压保护	控制异常、分接头操作错误、雷击、直流极接地故障、直流极线开路等造成的过电压
直流场区接地过流保护	作为全站单点接地故障的保护
交直流碰线保护	交直流碰线故障
直流汇流母线差动保护（金牛换流站）	直流汇流母线区接地故障

6.2.6 柔性直流海底电缆线路

±160kV 莱芜至长山尾直流海底电缆线路的工程属于南澳示范工程配套线路的一部分，线路长 9.04km，输送容量为 200MW。

6.2.6.1 海底电缆路由

本海底电缆工程所属海域外部环境复杂，北有已建的 110kV 湾头—金牛线、110kV 莱芜—金牛线和 35kV 南澳线，南有已建的光缆，还有多条航道与海底电缆路由交叉。经详细勘察和多方案比较，最终利用原 35kV 南澳线海底电缆走廊重新敷设 2 根直流海底电缆，如图 6-18 所示。在莱芜侧，海底电缆经中间接头与大陆侧陆缆相连；在长山尾侧，海底电缆经海底电缆终端站与南澳岛上架空线路相连。

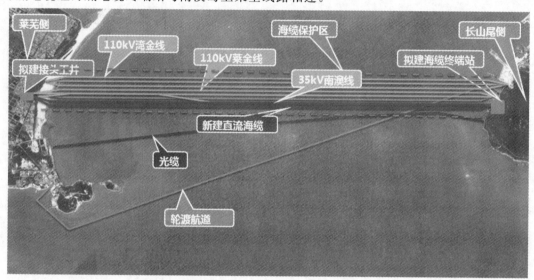

图 6-18 ±160kV 莱芜至长山尾直流海底电缆线路路由情况

6.2.6.2 海底电缆型号及主要技术参数

该工程海底电缆选用型号为 DC-HYJQ41-F-160kV-1×500+2×18（芯光缆）的额定电压 160kV、单芯、铜导体截面 500mm²、交联聚乙烯绝缘铅套粗圆钢丝铠装聚丙烯纤维外被层光纤复合海底电缆。每根海底电缆需内置 2×18 芯光缆，包括 16 芯 ITU-T G.652D 单模光纤和 2 芯 ITU-T G.651 A1b 多模光纤（50/125μm）。

正极海底电缆由宁波东方电缆股份有限公司生产，海底电缆结构截面如图 6-19 所示，电缆结构尺寸见表 6-15。

表 6-15 DC-HYJQ41-F-160kV-1×500+2×18 型正极海底电缆结构参数

名称	材料	标称厚度/mm	标称外径约/mm
阻水导体	铜导体+阻水带	—	26.6
导体屏蔽	半导电阻水带+半导电屏蔽	0.3+1.5	30.0
绝缘	交联聚乙烯绝缘料	16	62.0

续表

名称	材 料	标称厚度/mm	标称外径约/mm
绝缘屏蔽	半导电屏蔽料	1.2	64.4
阻水缓冲层	半导电阻水膨胀带	2×0.5	66.9
金属护套	合金铅+沥青	3.1+0.3	73.1
内护套	PE护套料	2.4	78.0
内衬层	PP绳+沥青	2.0	81.0
光缆保护填充层	PE填充条	6.0	93.0
光缆保护合金丝	镀锌低碳钢丝×4根	φ6.0	
18芯光缆	2根	φ5.5	
光缆保护垫层	包带	2×0.3	94.5
铠装层	镀锌低碳钢丝	φ6.0	106.5
外被层	PP绳+沥青	4.0	114.5±3.0

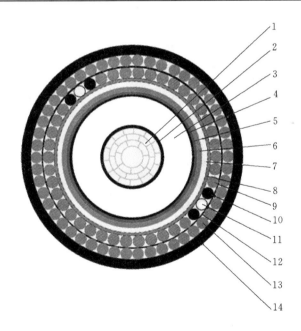

图6-19 DC-HYJQ41-F-160kV-1×500+2×18型正极海底电缆结构截面图
1—阻水导体；2—导体屏蔽；3—绝缘；4—绝缘屏蔽；5—阻水缓冲层；6—金属护套；
7—内护套；8—内衬层；9—光缆保护填充层；10—光缆保护合金丝；11—18芯光缆；
12—光缆保护垫层；13—铠装层；14—外被层

负极海底电缆由中天科技海底电缆有限公司生产，海底电缆结构截面如图6-20所示，电缆结构尺寸见表6-16。

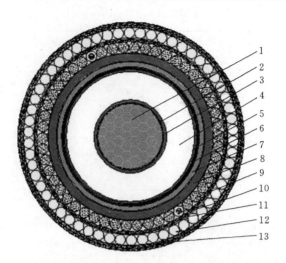

图 6 - 20　DC - HYJQ41 - F - 160kV - 1×500＋2×18 型负极海底电缆结构截面图
1—阻水铜导体；2—半导电尼龙带；3—导体屏蔽；4—北欧 DC XLPE 绝缘；5—绝缘屏蔽；
6—半导电缓冲带；7—合金铅套；8—HDPE 护套；9—PE 填充条；10—不锈钢光单元；
11—PP 内垫层；12—钢丝铠装；13—沥青＋PP 外被层

表 6 - 16　DC - HYJQ41 - F - 160kV - 1×500＋2×18 型负极海底电缆结构参数

名　称	数值	名　称	数值
标称截面/mm²	500	PE 厚度/mm	2.6
导体紧压直径/mm	26.5	PE 套外径/mm	76.4
半导电带＋挤出导体屏蔽厚度/mm	0.12＋1.2	光单元填充条直径/mm	6.0
导体屏蔽直径/mm	29.1	光单元层外径/mm	88.4
绝缘厚度/mm	16.0	铠装垫层厚度/mm	1.5
绝缘直径/mm	61.1	铠装垫层外径/mm	91.4
绝缘屏蔽厚度/mm	1.0	钢丝直径/mm	6.0
绝缘屏蔽直径/mm	63.1	铠装外径/mm	103.4
半导电阻水带/mm	1.0	钢丝根数/mm	47
半导电阻水带直径/mm	65.1	外护层厚度/mm	4.0
铅套厚度/mm	2.9	电缆直径/mm	111.4
铅套外径/mm	70.9		

该工程直流海底电缆基本参数要求见表 6 - 17。

表 6 - 17　直流海底电缆基本参数要求

参　数　名　称	数　值
额定直流电压 U_0/kV	±160
最高连续运行直流电压 U_m/kV	±168
导体标称截面积/mm²	500

续表

参 数 名 称	数 值
电缆正常运行时导体的最高允许工作温度/℃	70
任何敷设条件下电缆的最低允许载流量/A	625
直流试验电压 U_T（型式试验和例行试验）/kV	$1.85U_0$
直流试验电压 U_{TP1}（预鉴定试验和现场安装后的试验）/kV	$1.45U_0$
反极性雷电冲击叠加直流试验电压（型式试验）/kV	LI（+550）+DC（-160） LI（-550）+DC（+160）
同极性操作冲击叠加直流试验电压/kV	SI（+290）+DC（+160） SI（-290）+DC（-160）
反极性操作冲击叠加直流试验电压（型式试验）/kV	SI（+450）+DC（-160） SI（-450）+DC（+160）
金属护套短路电流耐受能力/kA	8（1s）

6.2.6.3 海底电缆接地方式

工程电缆线路为直流线路，在正常情况下金属护层中不存在感应电势，可采用两端直接接地的接地方式。但在雷电或操作冲击过电压作用下，金属护层中会出现较高的冲击感应过电压，且线路越长过电压幅值越高，当线路达到一定长度时，电缆外护套可能会因冲击感应过电压过大而击穿，此时，除两端直接接地外，还应采取海底电缆金属护层分段短接或采用半导电外护套的措施。

采用电容耦合法对金属护层中可能会出现的冲击感应过电压进行计算的结果表明，在冲击过电压作用下，该工程海底电缆金属护层的最大冲击感应较小，不会对海底电缆外护套构成威胁，故该工程海底电缆采用两端直接接地的接地方式。

6.2.6.4 海底电缆敷设保护方式

1. 人为因素对海底电缆的危害

人为因素是海底电缆遭受外部损害的最大威胁，海洋渔业活动、海洋航运和海洋工程作业对海底电缆的危害最为严重，由此造成的海底电缆故障占故障总数的 70% 以上。

（1）海洋渔业活动的危害。海洋渔业活动对海底电缆的威胁主要是由渔业活动中的捕捞渔具和渔船船锚造成的。由于工程水域为传统渔场，在工程水域附近时有渔船在进行捕捞作业，在每年 12 月底到第二年春节期间是鳗苗的汛期，会有众多小渔船进行捕捞鳗苗，捕捞渔具和渔船船锚都将对海底电缆造成威胁。据有关统计资料，渔船船锚在海床上的最大入土深度可达 1m，捕捞渔具在海床上的入土深度最大可达 2m。

（2）海洋航运的危害。海洋航运对海底电缆的威胁主要是由船舶随意抛锚（锚害）造成的。该工程所在后江航道主要承担港口间的区间运输，目前交通流量受水域内水深影响，整体交通密度不大，日通航船舶约 50 艘次，主要是千吨级海船及小渔船，还偶有部队舰船调防经过。南澳大桥主跨通航孔位置处于后江航道深水区，通航净宽 170m，通航净空高度 35m，建成后可通航 5000t 级船舶。根据调研和相关统计数据，5000t 级船舶采用霍尔锚或斯贝克锚，锚重为 3～4t。参考日本运输省港湾技术研究所的 215 号《投锚与入土深度试验》现场实测报告中的数据，该重量的船锚在软淤土中的入土深度约为 2.5m，在淤土中约为 1.8m，在硬砂土中约为 1.4m。据统计，拟建海底电缆相邻的 110kV 莱芜—金牛线曾分别在 1996 年 5 月 2 日和 2005 年 1 月 5 日两次遭受过往船只抛锚损害。

（3）海洋工程作业的危害。海洋工程作业也会威胁海底电缆安全。南澳大桥施工期间有众多的施工船舶进出海底电缆工程所在水域，对海底电缆安全将有一定的影响。

2. 具体保护方式

鉴于以上造成海底电缆损坏的潜在风险，为保证海底电缆的安全可靠运行，需对海底电缆采取必要的保护措施。结合本段海域具体海洋环境，该工程海底电缆沿线各段的敷设保护方式如下：

（1）莱芜侧海底电缆登陆段，正负极海底电缆采用套球墨铸铁关节套管、上覆混凝土盖板、埋深 2m 的敷设保护方式。

（2）后江主航道段，最大通行船舶吨位为 5000t，航道附近的海底底质主要为含淤泥质细砂，4t 船锚在该类型底质中的入土深度小于 2.5m，本段海底电缆采用埋设保护，埋设深度为 3m。

（3）海底电缆路由非航道段，渔船船锚和捕捞渔具在海床上的最大入土深度可达 2m，本段海底电缆采用埋设保护，埋设深度为 2.5m。

（4）长山尾侧登陆段分布有大量礁石，该段海底电缆采用开挖 1m×1m 的电缆沟、套球墨铸铁套管、上覆水泥砂袋的敷设方式。

6.2.6.5 在线监测系统

为了更好地监视海底电缆，保障线路安全稳定运行，该工程对莱芜至长山尾段海底电缆设置综合在线监测系统 1 套，包括海底电缆扰动监测、海底电缆温度监测、海底电缆应力监测以及 AIS 海事预警系统 4 个子系统，并集成一套海底电缆综合在线监测系统，监测主机布置于塑城换流站内。该系统采用技术较为成熟的分布式光纤测温系统 DTS 来实现温度的监测，并结合布里渊光时域分析（BOTDA）系统实现了海底电缆应力的监测，该系统准确地分离了海底电缆温度和应力两个物理量，真正实现了海底电缆温度和应力的监测。

本 章 小 结

本章围绕南澳示范工程的设计实例，首先从送出规模与方式分析、送出方案比较分析、送出系统规模和工程建设规模几方面介绍了系统设计的思路和方法；并以系统设计所确定的送出容量、接入电网电压、设备技术参数要求等依据，开展柔性直流换流站及其配套变电站、柔性直流海底电缆线路的设计。重点介绍了换流站的主接线方案、主要电气设备选择、保护配置、多端 VSC‐HVDC 输电系统运行与控制、防雷及结构等方面的设计原则、方案和设计手段；介绍了海底电缆线路的路由选择、海底电缆选型、接地方式选择和敷设与保护等方面的设计原则、方案和设计手段。

（1）在柔性直流换流站设计中，采用经济可靠的系统接线方案、合理先进的设备选型方案、安全灵活地控制保护方案和紧凑美观的布置方案，压缩了工程建设周期，节省了投资，保证了整个系统的安全可靠运行。

（2）在柔性直流海底电缆线路设计中，确定了工程所用海底电缆的型式和结构，明确了海底电缆的敷设保护方式及海底电缆埋设深度，降低了施工难度和工程投资，保障了海底电缆的安全可靠运行。

采用先进的设计思路和设计手段能够最大限度的优化方案，降低工程造价，节约用地，也使得设备选型经济合理，确保工程按期高质投产。南澳示范工程于 2013 年 12 月 25 日启动投产至今，实现了风电在纯直流方式下的并网和平稳运行，系统一次、二次设备运行情况良好，系统各项性能指标满足工程设计标准要求，达到了预期的效果，在国内外已经产生了重大影响，有明显的领先示范作用。

第7章 海上风电送出工程新技术和展望

随着海上风电的大规模开发和应用，海上风电送出工程技术得到了快速发展，涌现出了众多新技术。本章从海上风电场群群组网技术、VSC－HVDC 输电技术、海上变电站及换流站设计技术、海底电缆技术等方面，对当前研究热点与技术创新进行简要的介绍，并对工程技术的发展趋势及今后研究方向进行展望。

7.1 海上风电送出工程新技术

7.1.1 风电场群组网技术

随着海上风电的快速发展，世界各地规划、建设的海上风电场数量越来越多，以前的各单一风电场各自送出、并网的输电方式会造成海上空间资源的浪费，且已不能满足海上输电网络统一规划、集中建设、降低输送损耗、节约建设能耗和成本的要求。因此，在世界范围内，已开始了对于海上风电场群组网技术的研究，主要有以下方面：

（1）对多个风电场汇聚成风电场群后的功率波动特性进行量化分析，以风电场群的持续出力曲线描述其变化规律，综合考虑电网输电收益、输电工程建设成本及可能的阻塞造成的弃风损失等因素对风电外送输电工程综合收益的影响，对风电场群送出系统规划、具体方案设计进行研究。

（2）基于超短期风电场自然风速预测的风电场集群控制器研究。大规模风电场或风电场群拥有数量巨大的风力机，风力机间尾流效应严重，以降低风电场尾流损失、优化风电场出力为目标的风电场集群控制器研究，对于风电场群的功率输出优化控制具有重要作用。

（3）结合风电场群的无功功率需求，强调风电场群电压稳定性及无功优化的经济性的风电场无功功率规划是当前研究的另一重要方向，面对大规模的风电系统接入，克服风电对大电网的影响，保持电力系统电压质量及稳定性具有重要意义。

（4）风电场群远程集中监控系统是将大量分散于各地的风电场进行集中的远程控制与管理，从而实现风电场"少人值守，无人值班"的运行模式，减少风电场和风电场群的运行管理费用。

7.1.2 VSC－HVDC 输电技术

1. 高压直流断路器的发展应用

直流断路器是直流换流站的主要电气设备之一。它不仅在系统正常运行时能切断和接通高压线路及各种空载和负荷电流，而且当系统发生故障时，通过继电保护装置的作用能自动、迅速、可靠地切除各种过负荷和短路电流，防止事故范围的扩大。

在 HVDC 输电系统中，某些运行方式的转换或者故障的切除要采用直流开关。直流断路器同样因为直流电流难以熄弧、直流断路器吸收的能量大以及过电压高而制约其发展，在 HVDC 输电系统中并没有实际的应用案例，因为目前 HVDC 输电系统基本还是两端的网络结构，直流断路器的实际应用意义并不明显。但是，随着技术发展，多端直流网络已经成为发展方向，组建直流网络将不可避免，直流断路器将是阻碍技术发展的关键因素。现阶段各大主流设备厂商都将直流断路器作为主要的技术攻关方向，其中 ABB 公司研发的混合式直流断路器已经成功地在该技术领域开发出了满足技术要求的产品。

针对海上风电的快速发展，大容量大规模的风电场也必然出现，若直流断路器可以成功应用，大规模海上风电场群通过直流网络互连送出将成为可能，无论从经济效益还是安全稳定运行的角度来讲都是巨大的进步。随着技术的进一步发展，直流断路器的大规模应用必将推动海上风电的高速发展。

2. 多端 VSC - HVDC 输电系统的启动控制保护技术

启动控制是 VSC - HVDC 输电工程应用中必然面临且亟待解决的关键性问题，在海上风电多端 VSC - HVDC 送出系统中更是重中之重。当 VSC - HVDC 输电系统启动时，若只采用正常情况下的控制策略而不采取其他的辅助控制保护措施，将会产生严重的过电压和过电流现象，从而危及换流器的安全。

因此，在 VSC - HVDC 输电系统启动过程中，必须采取适当的启动控制和限流措施。另外，向无源网络供电的 VSC - HVDC 输电系统中，逆变站侧的交流系统是一个无源网络，不能直接进入定交流电压控制方式，因此需要有单独的启动控制策略。再者，对于采用不同外环控制量的换流站，其启动控制方式也不尽相同。

针对以上情况，研究不同的启动控制策略和辅助保护措施，达到 VSC - HVDC 输电系统的直流电压能快速上升到额定电压同时又不产生过电压和过电流的目的，保证 VSC - HVDC 输电系统整个启动过程的安全稳定运行。

7.1.3 海上变电站及换流站设计技术

1. 模块式建设

由于海上风电变电站及换流站特殊的建设条件，要尽量减少变电站及换流站的占地面积，因此若采用模块式的建设方式则非常适合其需求。模块式建设将功能类似的设备进行区分和模块化，如换流站可分为换流器模块、连接变压器模块、交流设备模块、直流正极模块、直流负极模块等一系列单元建设模块。每个单元建设模块采用封装的方式进行组装，在岸上完成设备调试，运输至海上可快速安装接线，运行期间出现故障也可以通过调换单元模块来实现故障的恢复。

模块式建设的主要特点有以下方面：

（1）布置灵活，占地面积小。

（2）密闭式封装，减小设备受盐雾影响。

（3）建设周期短，安装时间少。

（4）可通过调换模块实现故障快速恢复。

现阶段模块式建设并没有实际工程案例，但由于海上变电站及换流站的特殊的建设条件，随着海上风电的大规模发展、技术的快速进步以及建设成本的下降，模块式建设将成为未来建设的一个新的技术发展方向，并拥有广阔的应用前景。

2. 变压器新技术

海上变电站平台空间有限，一旦发生火灾事故容易升级和蔓延，同时，平台远离陆地，应急救援不便，甚至可能因为天气原因使得工作人员无法到达平台处理事故，因此主变压器应选用高燃点变压器油，不可使用常规的矿物变压器油，尽可能降低变电站平台的火灾风险。

目前，在国内生产和应用的变压器油绝大部分是满足 GB 2536—2011《电工流体　变压器和开关用的未使用过的矿物绝缘油》标准规定的 10 号、25 号和 45 号矿物变压器油，该标准仅规定其燃点不低于 135℃。而 IEC-1100《与燃点和净灼热值相对应的绝缘液体规范》则按照变压器油的燃点和净燃值对其分类，燃点小于或等于 300℃ 的变压器油归为 O 级类，燃点大于 300℃ 的变压器油归为 K 级类。其中燃点大于 300℃ 的变压器油就是所谓的高燃点变压器油（阻燃型变压器油）。高燃点变压器油主要包括硅油、大分子的烃类油、合成酯和植物油四大类。除了提高变压器的防火等级，高燃点变压器油还可以降低变压器的噪声，比普通油浸变压器低 2～3dB，在长期的高温状态下工作也不容易老化变质，延长了设备的使用寿命，这对于检修维护不便的海上平台设备至关重要。

另外，油浸变压器的使用使油储存、处理设备成为海上平台上的必需系统，为尽量简化平台设备、系统，可以预见，海上风电的发展将会促进气体绝缘变压器装备研究、制造的发展，促进海上平台变压器无油化、免维护化的发展趋势。

7.1.4　海底电缆技术

1. 直流交联聚乙烯绝缘海底电缆及其附件的研制

直流海底电缆在相同导体截面、相同电缆型式和相近敷设环境条件下，其输电容量（功率）远超过交流海底电缆，并且运行损耗低、允许线路长度较长，在有些运行条件下，例如超大长度海底电缆线路，采用直流海底电缆会是优先方案，甚至是唯一的选择。交联聚乙烯绝缘电缆具有电气性能好、机械强度高、安装敷设和运行维护方便以及环保等特点，将是直流海底电缆的重点发展方向。

目前，日本已研制出 ±500kV 直流交联聚乙烯绝缘海底电缆，导体界面为 3000mm²，导体长期运行最高温度为 90℃，双极单回输送容量可达 3000MW，电缆试样如图 7-1 所示。工厂软接头采用挤出模注接头技术（EMJ），采用与电缆绝缘一样的直流绝缘材料，以避免不同材料界面的存在使得在界面上空间电荷积聚加剧。±500kV 直流交联聚乙烯绝缘海底电缆和工厂软接头已经通过国际大电网会议推荐试验规范。

近年来，我国高压直流交联聚乙烯绝缘海底

图 7-1　±500kV 直流交联聚乙烯
绝缘海底电缆

电缆生产研制能力取得了长足进步，±160kV 和 ±200kV 直流交联聚乙烯绝缘海底电缆先后投入运行。目前，正在开展 ±320kV 直流交联聚乙烯绝缘海底电缆的研制工作。

2. 海底电缆敷设保护技术

自 1951 年日本明石海峡成功敷设了世界上第一条 22kV 海底充油电缆开始，海底电缆就因不断遭受外部损坏而时有故障发生。这种损坏不仅造成电力传送中断，更重要的是往往造成巨大的经济损失和严重的社会影响。加之海底电缆处于恶劣的海底环境中，保护和维修均相当困难。为提高海底电缆线路的安全可靠性，应对海底电缆采取必要的安全保护措施。

近年来，国内相关设计单位深入调查分析了威胁海底电缆安全的潜在因素，并在总结国内外典型海底电缆工程敷设保护经验的基础上，提出了埋设保护、沟槽保护、穿管保护和覆盖保护等敷设保护措施。针对最常用的埋设保护，重点研究了船锚入土深度的计算方法，提出了计算船锚入土深度的数学模型法和有限元模拟法，其计算结果经与日本运输省港湾技术研究所的 215 号《投锚与入土深度试验》现场实测数据进行对比，两者基本吻合。同时综合船只抛锚、渔业活动及海床冲淤等因素，提出了合理确定海底电缆埋深的方法。

7.2　展　　望

海上风电的发展历史很短，但发展的速度和规模有目共睹。从 20 世纪 90 年代世界上第一台海上风电机组在瑞典的 Nogersund 成功安装至今，在短短的二三十年中，风电机组、大型海上风电场的建设和并网的相关技术研发取得了巨大的成就。随着海上风电场规模的不断扩大，其接入对电力系统的消纳能力、灵活性和安全稳定性提出了更高要求，同时，提高送出系统的输电能力亦是需要解决的问题。于是，多种新型输电方式的概念和技术被提出并得到积极的研究。

VSC - HVDC 输电作为一种新型的直流输电系统，因其具有较强的远距离输电能力以及灵活的有功和无功控制能力，作为大规模海上风电场接入电网的方式最具有优势，不仅能够为风电场提供优异的并网性能和较强的抗干扰性能，还能有效改善低电压穿越能力、满足并网系统对暂稳态性能的要求。因此，今后可针对大规模海上风电并网模式、VSC - HVDC 输电并网技术、海上风电群与 VSC - HVDC 输电协调运行和控制系统，以及电网对并网风电的控制策略等方面开展进一步的研究。

参 考 文 献

［1］ （孟加拉）幕延，等．风电场并网稳定性技术［M］．李艳，等，译．北京：机械工业出版社，2011.

［2］ 袁铁江，晁勤，李建林．风电并网技术［M］．北京：机械工业出版社，2012.

［3］ （美）阿里．风电系统电能质量和稳定性对策［M］．刘长浥，等，译．北京：机械工业出版社，2013.

［4］ 朱永强，迟永宁，李琰．风电场无功补偿与电压控制［M］．北京：电子工业出版社，2012.

［5］ 陈霞．基于多端直流输电的风电并网技术研究［D］．武汉：华中科技大学，2012.

［6］ 王锡凡，卫晓辉，宁联辉，等．海上风电并网与输送方案比较［J］．中国电机工程学报，2014，34（31）：5460－5466.

［7］ 王志新，吴杰，徐烈，等．大型海上风电场并网 VSC－HVDC 变流器关键技术［J］．中国电机工程学报，2013，33（19）：14－26.

［8］ 窦锦柱．海上风力发电系统并网智能控制器研究［D］．哈尔滨：哈尔滨工业大学，2012.

［9］ 杨方，张义斌，葛旭波，等．德国海上风电 VSC－HVDC 技术分析［J］．电网与清洁能源，2012，28（10）：63－68.

［10］ 王志新，李响，艾芊，等．海上风电柔性直流输电及变流器技术研究［J］．电力学报，2007，22（4）：413－417.

［11］ Mau C N, Rudion K, Orths A, et al. Grid Connection of Offshore Wind Farm Based DFIG with Low Frequency AC Transmission System［C］//2012 IEEE Power and Energy Society General Meeting. IEEE, 2012：1－7.

［12］ 汤广福，罗湘，魏晓光．多端直流输电与直流电网技术［J］．中国电机工程学报，2013，33（10）：8－17.

［13］ 徐乾耀，康重庆，张宁，等．海上风电出力特性及其消纳问题探讨［J］．电力系统自动化，2011，35（22）：54－59.

［14］ 顾益磊，唐庚，黄晓明，等．含多端柔性直流输电系统的交直流电网动态特性分析［J］．电力系统自动化，2013，37（15）：27－34.

［15］ 王锡凡，王碧阳，王秀丽，等．面向低碳的海上风电系统优化规划研究［J］．电力系统自动化，2014，38（17）：4－19.

［16］ 庄凯．直驱永磁同步风电机组并网变换器关键技术研究［D］．重庆：重庆大学，2012.

［17］ 赵庚．大规模风电并网电压稳定性研究［D］．天津：天津大学，2011.

［18］ 郝正航，余贻鑫．双馈风力发电机组对电力系统稳定性影响［J］．电力系统保护与控制，2011，39（3）：7－12.

［19］ 郝元钊，李培强，李欣然，等．风电机组对电力系统暂态稳定性影响分析［J］．电力系统及其自动化学报，2012（2）．

［20］ Slootweg J G, Kling W L. The Impact of Large Scale Wind Power Generation on Power System Oscillations［J］. Electric Power Systems Research, 2003（67）：9－20.

［21］ Ma M, Liu Y H, Zhao D M. Research on the Impact of Large Scale Integrated Wind Farms on the Security and Stability of Regional Power System［J］. International Conference on Power System Technology, 2010.

［22］ Erlich I. Analysis and Simulation of Dynamic Behavior of Power System ［D］. Dresden：Dresden U-
niversity，1995.

［23］ Shewarega F，Erlich I，José L Rueda. Impact of Large Offshore Wind Farms on Power System
Transient Stability ［J］. PSCE，2009.

［24］ 郭晓蕊，基于双馈机组的风电场并网影响及接入容量研究 ［D］. 西安：西安理工大学，2011.

［25］ 迟永宁，王伟胜，刘燕华，等. 低电压故障下双馈风力发电系统特性分析与运行控制 ［J］. 电力系
统自动化，2006：10－14.

［26］ 李江，赵海岭，常喜强，等. 含直驱机组风电场的电力系统暂态电压稳定分析 ［J］. 水力发电，
2012（12）：77－80.

［27］ 李晓涛. 并网型风电场的短路电流计算及低电压穿越能力分析 ［D］. 北京：华北电力大学，2011.

［28］ 张坤. 用于电力系统仿真的风电场等值模型研究 ［D］. 北京：华北电力大学，2011.

［29］ 蔺红，晁勤. 并网型直驱式永磁同步风力发电系统暂态特性仿真分析 ［J］. 电力自动化设备，2010
（11）：1－5.

［30］ 电力行业电力规划设计标准化技术委员会. DL/T 5221 城市电力电缆线路设计技术规定 ［S］. 北
京：中国电力出版社. 2005.

［31］ 中国电力工程顾问集团西南电力设计院. GB 50217 电力工程电缆设计规范 ［S］. 北京：中国电力
出版社. 2007.

［32］ IEEE Power Engineering Society. IEEE Std 1120 IEEE Guide for the Planning，Design，Installation，
and Repair of Submarine Power Cable Systems ［S］. 2004.

［33］ 郑肇骥，王琨明. 高压电缆线路 ［M］. 北京：水利电力出版社，1983.

［34］ 马国栋. 电线电缆载流量 ［M］. 北京：中国电力出版社，2003.

［35］ IEC. IEC 60287－1－1 Calculation of Current Rating of Electric Cables Part1：Current Rating Equa-
tions（100％ load factor）and Calculation of Losses Section 1 ［S］. 1994.

［36］ IEC. IEC 60287－1－2 Calculation of Current Rating of Electric Cables Part 1：Current Rating Equa-
tions（100％ load factor）and Calculation of Losses Section 2：Sheath Eddy Current Loss Factor for
Two Circuits in Flat Formation ［S］. 1994.

［37］ IEC. IEC 60287－1－2 Calculation of Current Rating of Electric Cables Part 2：Thermal Resistance
Section 1：Calculation of Thermal Resistance ［S］. 1994.

［38］ 张乒. 直流电缆绝缘设计 ［J］. 高电压技术，2004，30（8）：20－21，24.

［39］ 许强. 柔性直流输电示范工程电缆进线相关技术探讨 ［J］. 华东电力，2011，30（7）：1151－1154.

［40］ Thomas Worzyk. Submarine Power Cables：Design Installation，Repair，Environmental Aspects
［M］. Berlin Heidelberg：Springer－Verlag ，2009.

［41］ Nakanishi Y，Fujii K. ，Nakayama K. Installation of 500kV DC Submarine Cable In Japan ［C］. CI-
GRE Session No. 21－304，2000.

［42］ Stephen C. Drew，Alan G. Hopper. Fishing And Submarine Cables Working Together ［M］. Copy-
right International Cable Protection Committee. February 23，2009.

［43］ Masatoshi Nakamura，Nishantha Nanayakkara，Hironori Hatazaki. Reliability Analysis of Submarine
Power Cables And Determination of External Mechanical Protections ［J］. IEEE Transactions on
Power Delivery，1992，7（2）：895－902.

［44］ Allan P G. Selecting Appropriate Cable Burial Depths-A Methodology ［C］. IBC Conference on Sub-
marine Communications. 1998.

［45］ 陈霞. 基于多端直流输电的风电并网技术研究 ［D］. 武汉：华中科技大学，2012.

本书编辑出版人员名单

总 责 任 编 辑　陈东明

副总责任编辑　王春学　马爱梅

责 任 编 辑　王　惠　李　莉

封 面 设 计　李　菲

版 式 设 计　黄云燕

责 任 校 对　张　莉　张伟娜

责 任 印 制　帅　丹　王　凌　孙长福